50 OBJETS À VOIR AVEC UN TÉLESCOPE

GUIDE DU JEUNE ASTRONOME

John A. Read

Pour mes garçons, Isaac et Oliver.

Les travaux de conception de cette édition ont été réalisés avec l'aide de Formac Publishing Company Limited. Formac reconnaît l'appui de la province de la Nouvelle-Écosse par l'entremise du ministère des Collectivités, de la Culture et du Patrimoine. Nous sommes heureux de travailler en partenariat avec la province de la Nouvelle-Écosse pour développer et promouvoir nos ressources culturelles à tous les Néo-Écossais. Nous reconnaissons l'appui du Conseil des Arts du Canada, qui a investi 153 millions de dollars l'an dernier pour faire connaître les arts aux Canadiens de partout au pays. Ce projet a été rendu possible en partie grâce au gouvernement du Canada.

Conception de la couverture : Tyler Cleroux
Image de la couverture : Istock
Mise en page du livre : Gwen North
Traduction française par Simon Demers

Read, John A., auteur
   50 Objets à voir avec un télescope : guide du jeune astronome / John A. Read.

ISBN 978-1-7327261-4-7 (Livre broché)

Publié par :
Stellar Publishing
Halifax, Nouvelle-Écosse

REMERCIEMENTS

Un merci spécial à mes éditeurs Kurtis Anstey, Kara Turner, Jennifer Read et David M.F. Chapman. Merci à tout le monde chez Formac pour votre excellente collaboration à ce projet.

MENTION DE SOURCE

Les fichiers sources des objets du ciel profond vus au télescope ont été construits à partir de photos réelles prises par l'auteur, à l'aide de sa lunette astronomique de quatre pouces, ses télescopes de Dobson de douze et huit pouces, ou en utilisant les observatoires suivants : l'observatoire Abbey Ridge (propriété de Dave Lane) et l'observatoire Burke-Gaffney de l'Université Saint Mary's, à Halifax. Les exceptions comprennent M1, capturé par Kurtis Anstey ; la comète C/2013 US$_{10}$, capturée par Dave Lane ; et M81, M82, et l'Amas double, par Stuart Forman.

Les autres images utilisées comprennent des images de la NASA qui suivent les directives d'utilisation des photos de la NASA ; l'image de la comète 67P/Tchourioumov-Guérassimenko est de l'ESA/Rosetta/NAVCAM, CC BY-SA IGO 3.0 ; l'image du télescope de Dobson Celestron FirstScope est une gracieuseté de Celestron ; l'image de la lunette astronomique Explore Scientific FirstLight est une gracieuseté d'Explore Scientific ; l'image d'Andromède d'Adam Evans sur la couverture arrière, avec la permission de Wikimedia ; et des images de fond du livre de Shutterstock.

Les cartes du ciel utilisées dans ce livre proviennent de Stellarium, un programme d'observation des étoiles à code source libre. Ces cartes ont ensuite été personnalisées pour les besoins du présent ouvrage. Plusieurs images de constellations de l'artiste Johan Meuris provenant de Stellarium sont incluses dans ce livre et les droits d'utilisation se trouvent ici : artlibre.org/licence/lal/en/.

TABLE DES MATIÈRES

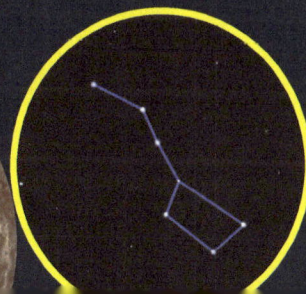

Utiliser ce livre

14 La nébuleuse du Crabe (M1)

La nébuleuse du Crabe est formée des restes d'une énorme étoile qui a explosé. L'explosion, appelée une supernova, a été observée par des astronomes chinois en l'an 1054.

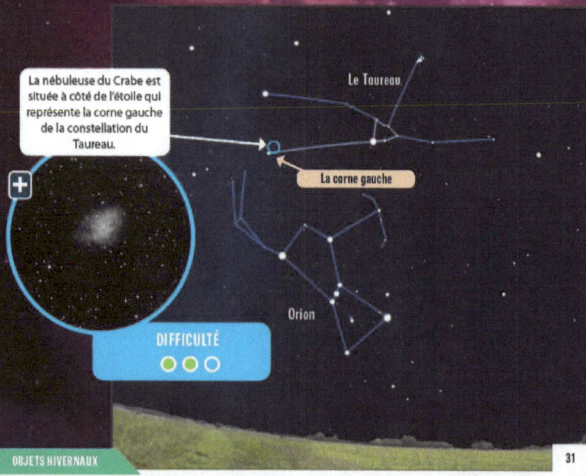

La nébuleuse du Crabe est située à côté de l'étoile qui représente la corne gauche de la constellation du Taureau.

Le Taureau

La corne gauche

Orion

DIFFICULTÉ

OBJETS HIVERNAUX

31

Ce livre sert d'introduction à l'observation des étoiles. La plupart des sections présentent un motif d'étoiles (constellation ou astérisme) identifiable sans télescope, avec des flèches pointant vers les cibles visibles au télescope dans cette partie du ciel.

Le petit cercle bleu sur la carte représente une estimation de la taille du ciel que vous verrez à travers votre télescope.

Ces fenêtres rondes sur presque toutes les pages montrent l'objet tel qu'il apparaîtra à travers votre télescope dans un ciel parfaitement noir. Note : les galaxies et les nébuleuses (nuages géants de gaz et de poussière) ont besoin d'un ciel extrêmement noir pour apparaître comme sur ces images.

DIFFICULTÉ

Les planètes (pages 42–49) semblent errer à travers l'écliptique (la trajectoire que parcourt le Soleil dans le ciel) et nécessitent un logiciel pour être localisées lors d'une nuit donnée. Le logiciel d'observation des étoiles « Stellarium » est gratuit et peut être téléchargé au www.Stellarium.org, ou sur le magasin d'applications.

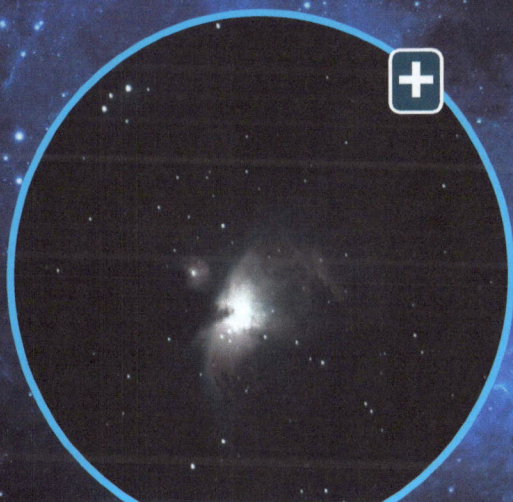

DIFFICULTÉ

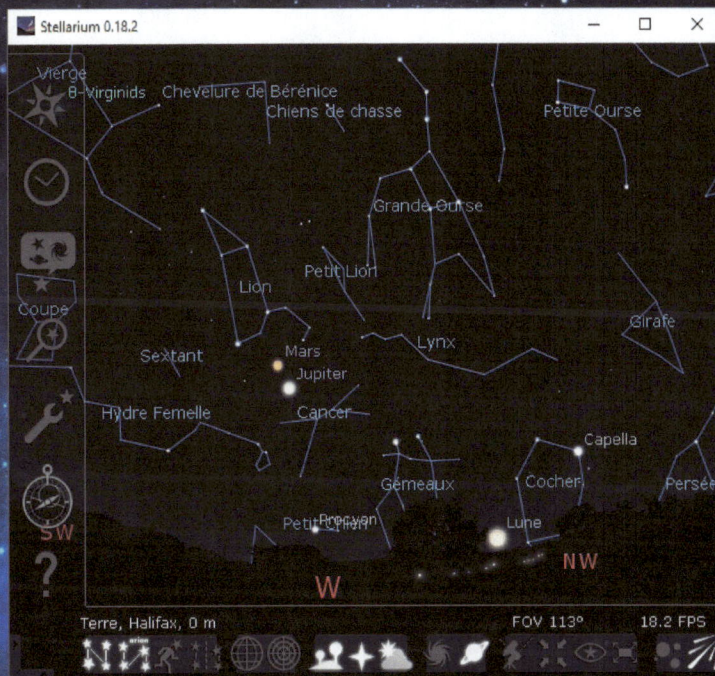

Chaque fenêtre d'aperçu télescopique est accompagnée du niveau de difficulté pour observer l'objet. Les objets de niveau 1 se trouvent facilement (en supposant que l'objet est au-dessus de l'horizon). Les objets de niveau 2 demandent de la patience, tandis que ceux de niveau 3 requièrent un ciel extrêmement sombre ou, dans le cas d'Uranus et de Neptune, l'utilisation d'un logiciel d'observation des étoiles.

Le ciel au-dessus de nous

Les humains contemplent le ciel depuis bien avant l'aube de la civilisation. Le mouvement du Soleil et des planètes, ainsi que la fixité des étoiles, ont guidé les navigateurs en mer, mais aussi les agriculteurs qui s'y fiaient pour semer au moment opportun.

Presque toutes les cultures de la Terre ont regroupé les étoiles en motifs qu'ils ont ensuite nommés. Les Grecs ont nommé un groupe Orion le Chasseur. À la même époque, les astronomes chinois ont inclus deux des mêmes étoiles dans les vingt-huit Loges lunaires. Les astronomes hindis appelaient ces étoiles « le Cerf ». Le motif d'étoiles le plus populaire, connu aujourd'hui comme la Grande Casserole, a eu des douzaines, sinon des centaines de noms à travers l'histoire. Les Inuits de ce qui est aujourd'hui le nord du Canada l'appelaient Tukturjuit, le Caribou. En Europe de l'Est, on l'appelait le Grand Chariot, tandis que les sociétés arabes considéraient ces étoiles comme un cercueil.

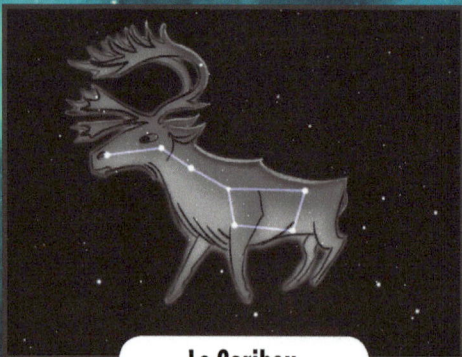

Le Caribou

La Grande Ourse

Les univers-îles

Nous vivons au sein d'une collection d'étoiles appelée la Voie lactée. Jusqu'au début des années 1900, de nombreux astronomes pensaient que la Voie lactée (qui contient environ 300 milliards d'étoiles) était l'univers entier. D'autres galaxies étaient visibles à travers presque n'importe quel télescope, mais les scientifiques ignoraient leur distance et pensaient observer des nuages de gaz dans notre galaxie. En 1920, l'astronome Heber Curtis a soutenu le contraire en appelant ces objets « univers-îles ». En 1923, Edwin Hubble a donné raison à Curtis en calculant la distance d'Andromède et d'autres galaxies, prouvant que ces objets n'étaient pas du tout des nébuleuses, mais des galaxies contenant chacune des milliards d'étoiles.

Les objets qui ne sont pas des comètes

Le chasseur de comètes français Charles Messier a dressé une liste de 110 objets flous vus à travers son télescope. À l'époque, Messier ignorait ce qu'il voyait, mais il savait que ce n'étaient pas des comètes. Nous savons maintenant que les objets suivants sont des objets du ciel profond : amas stellaires ouverts, amas stellaires globulaires, nébuleuses et galaxies. Ces objets sont nommés d'après l'initiale « M » de Messier et leur numéro dans ce catalogue. La liste de Messier est désormais la première cible des astronomes amateurs. La plupart des objets du ciel profond mentionnés dans ce livre sont inclus dans la liste de Messier.

M31 – La galaxie d'Andromède

M1 – Le premier objet de la liste des objets de Messier qui ne sont pas des comètes

M103 – Amas ouvert

M20 – Nébuleuse Trifide

Ciel noir

Les objets dans ce livre peuvent être localisés dans le ciel nocturne de l'hémisphère nord, à condition d'être dans la bonne saison et d'avoir un ciel dégagé. Cependant, les galaxies, les nébuleuses et les amas globulaires nécessitent parfois un ciel noir ou très noir. Quelle est la noirceur de votre ciel ? Utilisez les images ci-dessous pour vous guider.

CIEL PAUVRE

En ville ou lors d'une pleine lune.

CIEL CLAIR

Ciel de banlieue, à 10 kilomètres de la ville la plus près.

CIEL NOIR

Ciel de campagne, à 20 kilomètres de la ville la plus près.

CIEL TRÈS NOIR

À 50 kilomètres de la ville la plus près.

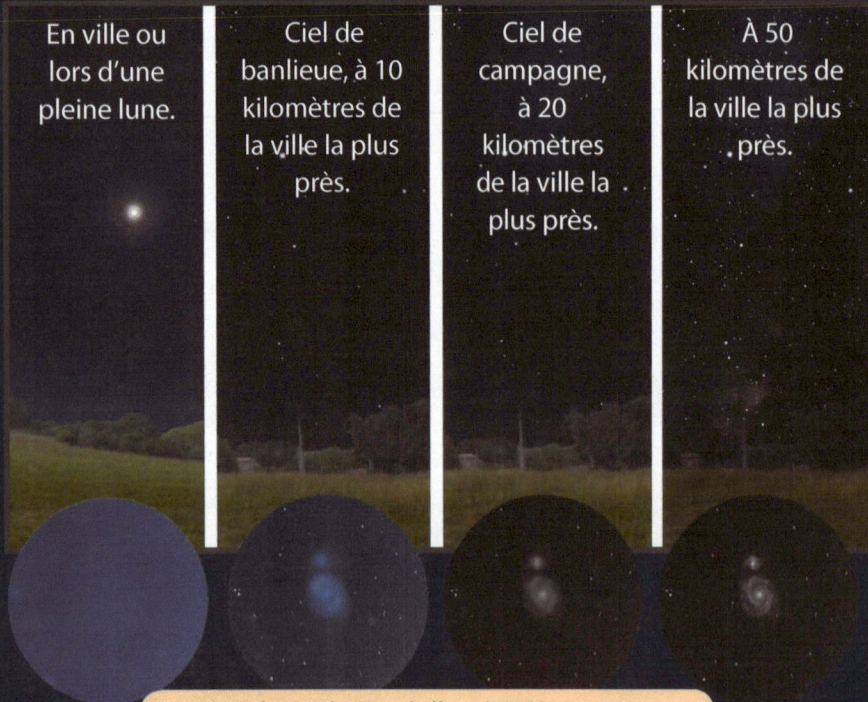

La galaxie du Tourbillon (M51) vue sous différentes conditions de ciel

Chaque tache sur cette image du Télescope spatial Hubble est une galaxie contenant des centaines de milliards d'étoiles.

Combien d'étoiles pouvez-vous voir ?

Avec un télescope, vous pouvez voir des millions d'étoiles. Sans télescope, moins de 10 000 étoiles sont visibles, et seulement 2 500 sont visibles à un moment donné. Près d'une ville ou lors d'une pleine lune, vous ne verrez que quelques centaines d'étoiles. En ville, vous n'en verrez peut-être qu'une douzaine ! Combien y a-t-il d'étoiles dans l'univers observable ? On peut l'estimer en multipliant le nombre moyen d'étoiles dans une galaxie par le nombre de galaxies visibles. Le total est d'environ un septillion d'étoiles (1 000 000 000 000 000 000 000 000 000 000), bien que les astronomes croient que le nombre réel est beaucoup plus élevé.

Ciel saisonnier

Vous savez sans doute que la Terre tourne autour du Soleil. Ce fait a une conséquence fascinante en astronomie. En tournant autour du Soleil, la Terre est exposée à différentes parties du ciel — les étoiles qui parsèment le ciel nocturne en hiver le parsèment de jour en été. C'est pourquoi les constellations et les cibles de ce livre sont classées par saison.

Ce ne sont pas toutes les étoiles qui se lèvent et se couchent. De nombreuses étoiles dans le ciel nordique peuvent être vues toute l'année depuis l'hémisphère Nord. (Si vous êtes au sud de l'équateur, en Australie par exemple, ce sont les étoiles du sud qui ne se lèvent et ne se couchent pas.) Si vous regardez le ciel nocturne pendant un certain temps, vous remarquerez que les étoiles semblent tourner autour de l'Étoile polaire. Une rotation complète se produit environ une fois par jour, suivant la rotation de la Terre, et environ une fois par an, suivant la rotation de la Terre autour du Soleil.

Les objets du ciel nocturne qui ne se lèvent ou ne se couchent jamais, mais semblent tourner autour de l'Étoile polaire, sont appelés « circumpolaires ». Nous explorerons plusieurs de ces objets au chapitre 1.

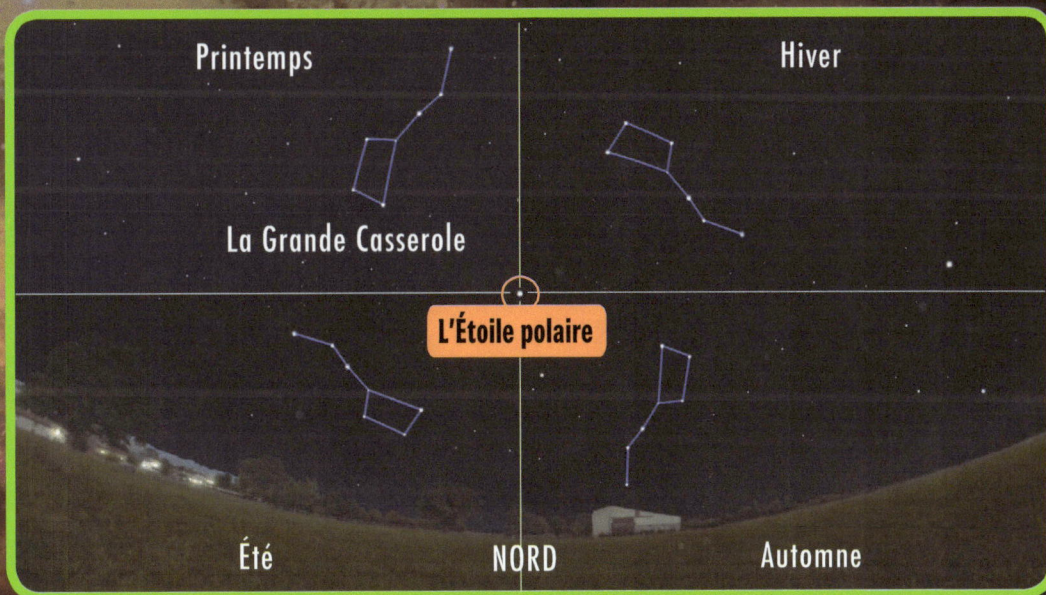

Printemps

Hiver

La Grande Casserole

L'Étoile polaire

Été

NORD

Automne

9

Choisir un télescope

L'astronomie amateur est un passe-temps exigeant, même pour un adulte. Les cibles de ce livre dépassent la portée des télescopes pour enfant. En général, les meilleurs télescopes pour les débutants sont les télescopes de Dobson ou les lunettes astronomiques sur monture altazimutale (haut/bas—gauche/droite) solide. Voici quelques éléments importants d'un télescope :

Évitez les télescopes sur trépied fragile ou trépied d'appareil photo. Ces télescopes peuvent convenir aux enfants, mais il est très difficile de les pointer vers des objets dans l'espace.

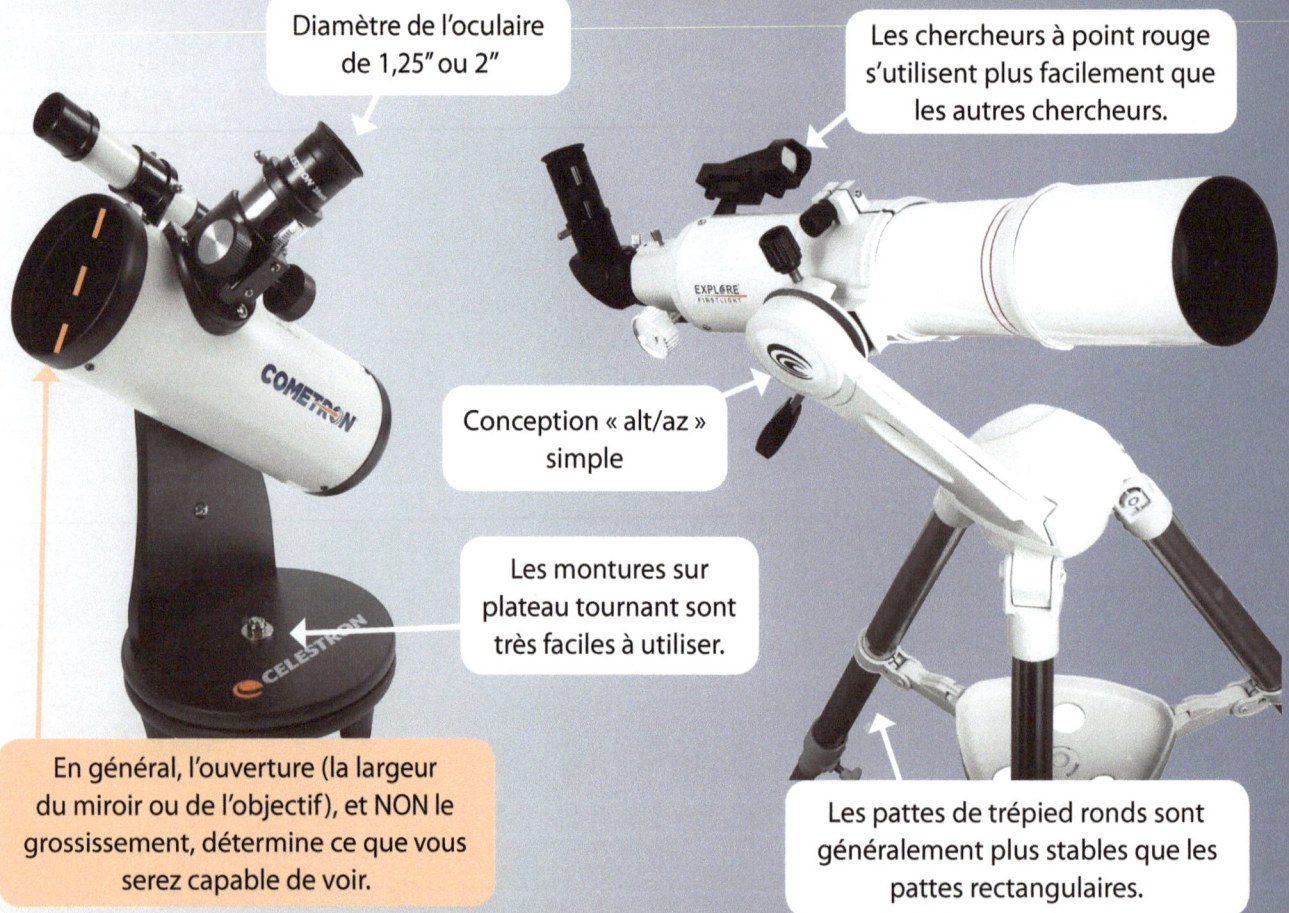

Diamètre de l'oculaire de 1,25" ou 2"

Les chercheurs à point rouge s'utilisent plus facilement que les autres chercheurs.

Conception « alt/az » simple

Les montures sur plateau tournant sont très faciles à utiliser.

En général, l'ouverture (la largeur du miroir ou de l'objectif), et NON le grossissement, détermine ce que vous serez capable de voir.

Les pattes de trépied ronds sont généralement plus stables que les pattes rectangulaires.

Parties du télescope

Les lunettes astronomiques, comme l'instrument de gauche, utilisent des lentilles pour grossir les objets éloignés.

Les réflecteurs, comme le télescope de Newton à droite, utilisent des miroirs pour diriger la lumière dans l'oculaire.

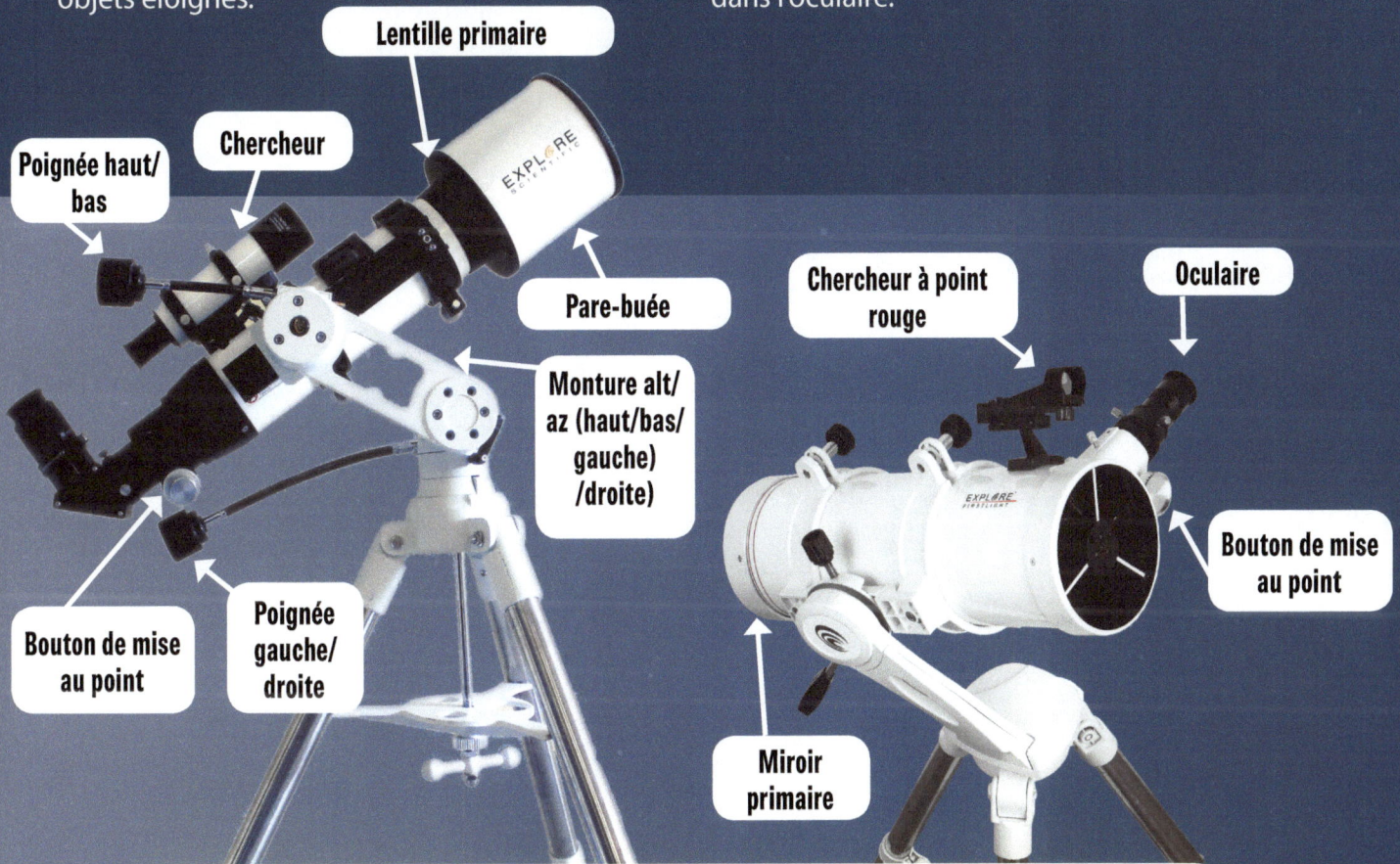

Lentille primaire

Chercheur

Poignée haut/bas

Pare-buée

Chercheur à point rouge

Oculaire

Monture alt/az (haut/bas/gauche)/droite)

Bouton de mise au point

Bouton de mise au point

Poignée gauche/droite

Miroir primaire

Les télescopes à monture équatoriale (non représentés) sont conçus pour suivre la rotation de la Terre selon un axe incliné unique. Ils ont des caractéristiques supplémentaires qui peuvent être difficiles pour les jeunes enfants.

Pour commencer

Montez votre télescope

Lorsque vous montez votre télescope, assurez-vous de bien suivre le manuel ou de trouver une vidéo en ligne spécifiquement sur votre télescope, puis suivez les instructions. Essayez d'installer votre télescope sur un sol solide et plat, et non sur une terrasse : les déplacements sur la terrasse provoquent des vibrations qui traversent le télescope et font sauter l'image. Il est important d'avoir une bonne vue sur une grande partie du ciel, donc dégagée d'arbres ou de bâtiments, et loin des sources artificielles de lumière.

Une fois le télescope assemblé, assurez-vous qu'il fonctionne correctement en essayant de le pointer dans toutes les directions. Assurez-vous aussi que le télescope et la monture restent en place lorsque vous les lâchez.

Choisir un oculaire

La plupart des télescopes pour débutants viennent avec deux oculaires, l'un avec une plus grosse lentille (plus de verre) que l'autre. L'oculaire avec la plus grosse lentille est celui que vous utiliserez le plus souvent. N'utilisez le plus petit que pour zoomer sur une cible comme une planète. Vous constaterez que vous n'avez pas besoin de zoomer souvent, puisque c'est l'accumulation de lumière, et non le grossissement, qui compte le plus.

Gros oculaire (à gauche) et petit oculaire (à droite) (idéalement, utilisez le plus gros)

Lentille de Barlow (à utiliser avec parcimonie)

De nombreux télescopes viennent avec une lentille appelée « 3x Barlow » ou « 2x Barlow », conçue pour être placée entre l'oculaire et le télescope, afin de tripler ou doubler le grossissement. Cependant, avec la lentille de Barlow, il est beaucoup plus difficile de viser et de mettre au point votre télescope, ce qui la rend souvent inutile.

Un filtre peut aussi être inclus avec votre télescope. Le filtre s'installe dans le fond de l'oculaire avant qu'il ne soit placé dans le télescope. Le filtre, qui peut être étiqueté « Lunaire » ou « Polarisant », est conçu pour réduire la luminosité et voir plus de détails lors de l'observation de la Lune.

Filtre lunaire (ou polarisant)

Mettre au point votre télescope

Pour voir quoi que ce soit, votre télescope doit être au point. Pour ce faire, pointez le télescope vers la Lune ou une étoile brillante. Ensuite, tournez le bouton de mise au point jusqu'à ce que l'image de la Lune soit nette ou que l'étoile brillante soit aussi petite que possible.

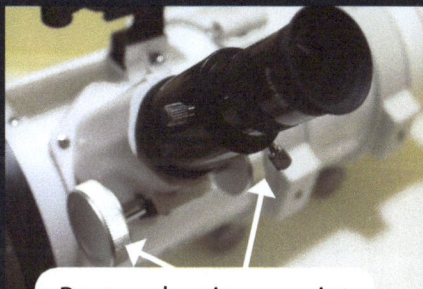
Bouton de mise au point

Lune qui est (à gauche) et n'est pas (à droite) au point

Aligner votre télescope

Pour qu'un télescope fonctionne correctement, le chercheur (ou point rouge) doit être aligné pour pointer exactement au même endroit que le télescope. Pour ce faire, pointez le télescope vers une étoile brillante. Tourner les boutons d'alignement sur le chercheur jusqu'à ce que l'étoile soit centrée à la fois sur le chercheur et sur le télescope. Si vous utilisez un chercheur à point rouge, l'appareil doit également être allumé.

Chercheur à point rouge

Ajuster vos yeux à la noirceur

Pour voir des objets comme des galaxies, des nébuleuses et des amas globulaires, vous devez également préparer vos yeux. Vos yeux ont besoin d'environ 30 minutes d'adaptation pour voir ces objets. Vous ne pouvez donc pas regarder les phares d'une voiture, un cellulaire ou les lumières d'une maison. Surtout, n'utilisez pas de lampe de poche (à moins qu'elle ne soit recouverte de cellophane rouge) et ne regardez pas la Lune.

Repérer les étoiles

Pour trouver les objets du ciel nocturne, vous devrez tracer un itinéraire ! Imaginez que vous voulez décrire le chemin jusqu'au magasin le plus proche. « Tournez à droite au feu et à gauche au stop. » La même stratégie s'applique au ciel nocturne. Un astronome chevronné pourrait dire : « Suivez les étoiles qui pointent vers l'Étoile polaire. Puis sautez jusqu'à Cassiopée — vous trouverez l'amas de la Libellule près de l'étoile en bas à gauche du W. » C'est d'abord déroutant, mais cela viendra naturellement avec vos connaissances des constellations et des étoiles brillantes.

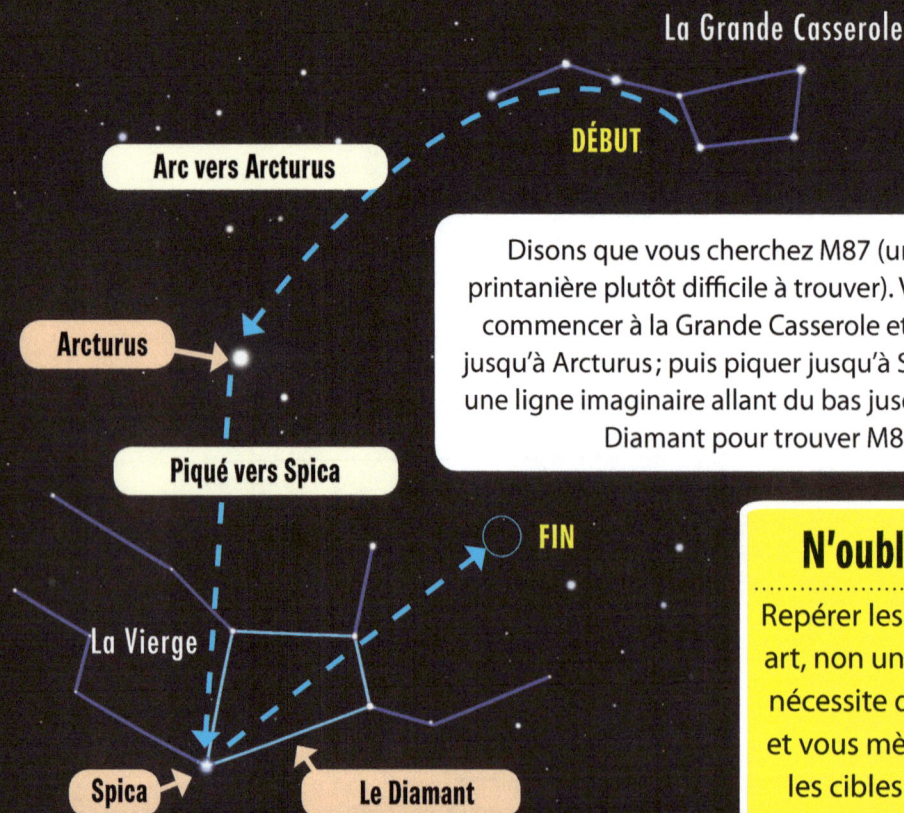

La Grande Casserole

DÉBUT

Arc vers Arcturus

Arcturus

Piqué vers Spica

Disons que vous cherchez M87 (une galaxie printanière plutôt difficile à trouver). Vous pourriez commencer à la Grande Casserole et faire un arc jusqu'à Arcturus ; puis piquer jusqu'à Spica et suivre une ligne imaginaire allant du bas jusqu'au haut du Diamant pour trouver M87.

FIN

La Vierge

Spica

Le Diamant

N'oubliez pas !

Repérer les étoiles est un art, non une science, qui nécessite de la pratique et vous mènera à toutes les cibles énumérées dans ce livre.

CHAPITRE 1
Objets visibles à l'année

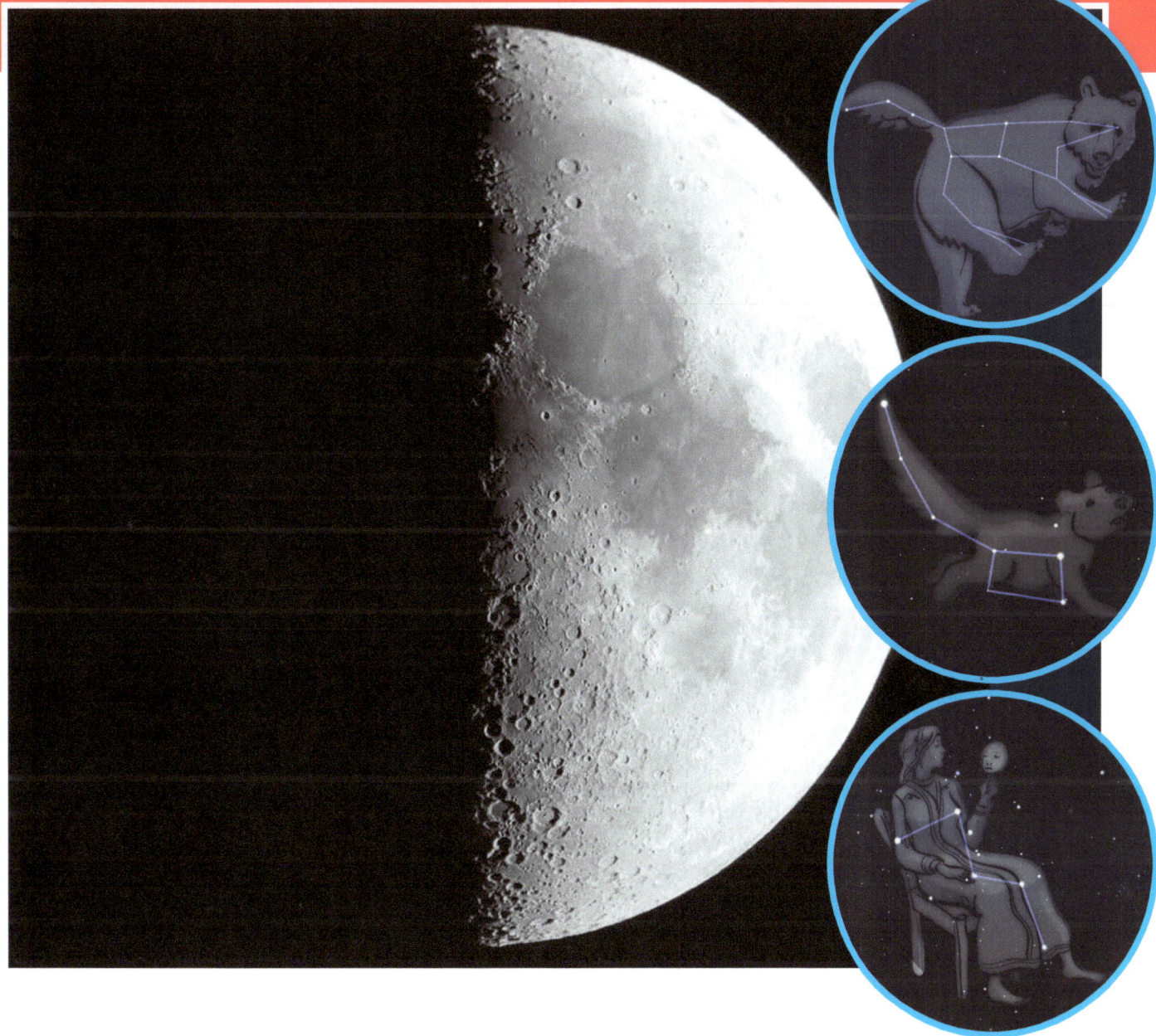

La Lune effectue le cycle complet de ses phases tous les 29 jours environ. Chaque nuit, la phase lunaire est légèrement différente.

La pleine Lune vue à travers un petit télescope ou des jumelles.

La Lune vue à la même heure chaque soir.

Nuit 7

Premier quartier

Lune gibbeuse

Lune croissante

Nuit 14

Pleine Lune

Nuit 1

Nouvelle Lune

Horizon à l'est

Horizon au sud

Horizon à l'ouest

Après la pleine Lune, la Lune « décroît » à travers les phases suivantes : Lune gibbeuse décroissante, dernier quartier, Lune décroissante, puis retour à la nouvelle Lune.

*Tel que vue de l'hémisphère nord

À quelle distance la Lune se trouve-t-elle ?

Terre

Lune

Voici une image à l'échelle de la distance entre la Terre et la Lune.

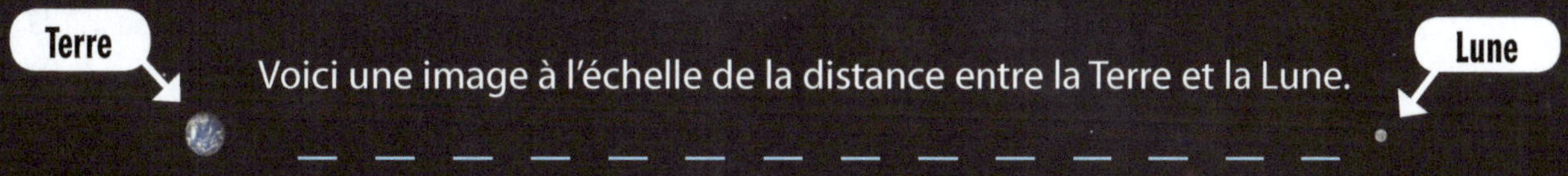

La distance moyenne entre la Terre et la Lune est de 384 000 kilomètres.

Éclipse lunaire

Ombre de la Terre

Éclipse solaire

Ombre de la Lune

Faits stellaires

Nous n'avons pas d'éclipses tous les mois puisque l'orbite de la Lune est légèrement inclinée. La plupart des mois, l'ombre est donc projetée dans l'espace !

02 La Grande Casserole et la galaxie de la Planche de Surf

La Grande Casserole est la forme la plus reconnaissable dans le ciel nocturne. Elle est circumpolaire, ce qui signifie qu'elle reste au-dessus de l'horizon pour la plupart des gens qui vivent dans l'hémisphère Nord. Les étoiles de la Grande Casserole sont d'excellentes cibles à explorer avec votre télescope. Dans un ciel très noir, essayez de trouver la galaxie de la Planche de Surf (M108), près du fond de la Casserole.

DIFFICULTÉ

La galaxie de la Planche de Surf (M108)

La Grande Casserole

Faits stellaires

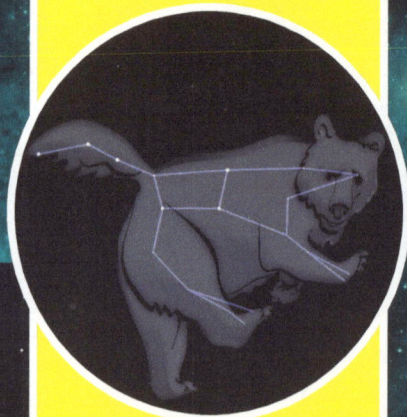

La Grande Casserole n'est pas une constellation ; c'est un motif d'étoiles dans la constellation de la Grande Ourse ; ces motifs d'étoiles sont appelés astérismes.

03 Mizar et Alcor

Mizar et Alcor (surnommées le Cheval et le Cavalier) constituent le centre du manche de la Grande Casserole. Mizar et Alcor sont visibles sans télescope. Fait intéressant : avec un télescope, vous remarquerez que Mizar est en fait deux étoiles !

Alcor

Mizar

DIFFICULTÉ
● ○ ○

Mizar et Alcor vues à travers un télescope

La Grande Casserole

Faits stellaires

Plusieurs étoiles du ciel nocturne sont en fait des étoiles doubles, souvent si brillantes et si rapprochées qu'elles apparaissent comme une seule.

Qu'est-ce qu'une étoile ?

Les étoiles sont des boules géantes de gaz chaud, principalement d'hydrogène et d'hélium, maintenues par la gravité et générant de la chaleur par une réaction nucléaire appelée fusion. Leur couleur, qui va du rouge au bleu, est directement liée à leur température : les plus froides sont rouges, tandis que les plus chaudes sont bleues.

04 Galaxies du Tourbillon et du Moulinet

Ces deux galaxies, situées près de la Grande Casserole, sont d'excellentes cibles pour l'hiver, le printemps et l'été (elles sont un peu basses pour le ciel d'automne). Si vous êtes près d'une ville, si la Lune est levée ou si vos yeux ne se sont pas ajustés à l'obscurité, le Moulinet vous semblera invisible, mais dans un ciel noir c'est une merveille.

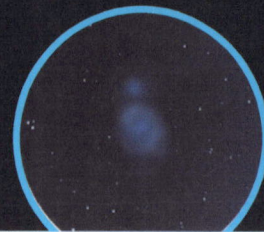

Les galaxies paraissent souvent floues, principalement à cause des conditions de ciel imparfaites. Les astronomes les appellent alors de « belles taches ».

DIFFICULTÉ

L'Étoile polaire

La galaxie du Moulinet (M101) est visible à travers un petit télescope dans un ciel extrêmement noir.

La Grande Casserole

La galaxie du Tourbillon (M51) est plus lumineuse que M101, donc visible dans un ciel légèrement pollué par la lumière.

DIFFICULTÉ

05 L'Étoile polaire (Polaris)

Le ciel nordique en entier semble se déplacer autour de l'Étoile polaire — elle reste au même endroit toute l'année. Elle est dite polaire parce qu'elle reste si près du pôle céleste. Beaucoup de gens pensent que c'est l'étoile la plus brillante du ciel, mais c'est en fait la 48e. (Sirius, située dans le Grand Chien, gagne le prix de l'étoile la plus brillante.)

Faits stellaires

Cette étoile était importante pour les marins naviguant en mer. L'angle entre cette étoile et l'horizon, multiplié par 111, donne au marin sa distance (en kilométres) par rapport à l'équateur !

L'Étoile polaire

Trouvez l'Étoile polaire en suivant ces deux étoiles « guides » dans la Grande Casserole.

La Grande Casserole

+

À l'aide d'un télescope, vous arriverez peut-être à voir une étoile compagne, Polaris B.

Polaris A

Polaris B

DIFFICULTÉ

● ○ ○

06 La Petite Ourse et la nébuleuse de Bode

La Petite Ourse peut être difficile à identifier, puisque ses étoiles sont très sombres. Commencez par trouver l'Étoile polaire à l'extrémité du manche et poursuivez votre chemin jusqu'à la casserole.

La nébuleuse de Bode, une galaxie spirale, et la galaxie du Cigare (M82), près de la Grande Casserole, sont visibles à travers un petit télescope, presque chaque nuit dégagée. Vous devriez pouvoir les voir en même temps.

Faits stellaires

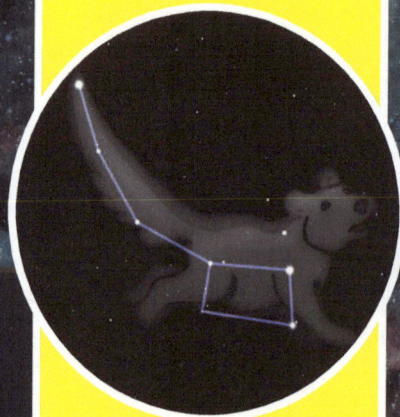

La constellation de la Petite Ourse est reconnaissable à sa forme de «petite casserole».

La Petite Ourse

La Grande Casserole

L'Étoile polaire

Galaxie du Cigare (M82)

Nébuleuse de Bode (M81)

DIFFICULTÉ

OBJETS VISIBLES À L'ANNÉE

07 Le Grand W et l'amas M103

Le Grand W (ou Cassiopée) se trouve toujours du côté opposé de la Grande Casserole à partir de l'Étoile polaire. En trouvant le Grand W, vous pourrez atteindre plusieurs autres cibles de ce livre, comme la galaxie d'Andromède et l'amas de la Libellule. L'amas ouvert M103 se trouve dans le Grand W.

DIFFICULTÉ

L'amas ouvert M103 a été découvert en 1781.

L'Étoile polaire

Le grand W (Cassiopée)

La Grande Casserole

Faits stellaires

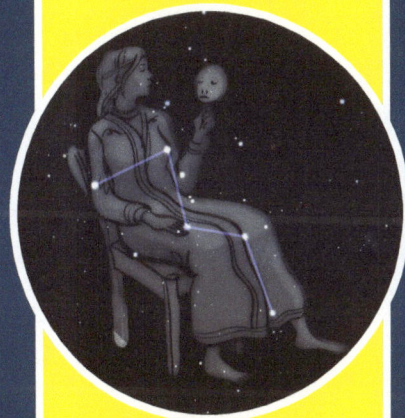

Dans la mythologie grecque, Cassiopée est une reine vaniteuse, obsédée par sa propre beauté.

Quand la Terre tourne, le ciel semble tourner autour de l'étoile Polaire. C'est pourquoi le Grand W peut apparaître de n'importe quel côté de l'Étoile polaire, selon l'heure de la nuit.

à voir avec un télescope est celui de la Libellule. Cet amas a récemment été surnommé E.T., d'après le film de Steven Spielberg, *E.T. l'extraterrestre.*

DIFFICULTÉ

On dit que les deux étoiles les plus brillantes représentent les yeux d'E.T.

L'amas de la Libellule (aussi appelé E.T.) vu à travers un télescope.

Le Grand W
(Cassiopée)

09 La Cascade de Kemble

Dans la sombre constellation de la Girafe se trouve une belle chaîne d'étoiles qui porte le nom du père Lucien Kemble, un prêtre canadien. Comme la Girafe est difficile à identifier, vous devrez vous guider en utilisant le Grand W (Cassiopée).

La Cascade de Kemble vue à travers un télescope ou des jumelles.

L'Étoile polaire

Le Grand W

La Girafe

DIFFICULTÉ

DIFFICULTÉ

Un amas d'étoiles nommé NGC 1502 se trouve à une extrémité de la Cascade de Kemble.

CHAPITRE 2
Objets hivernaux

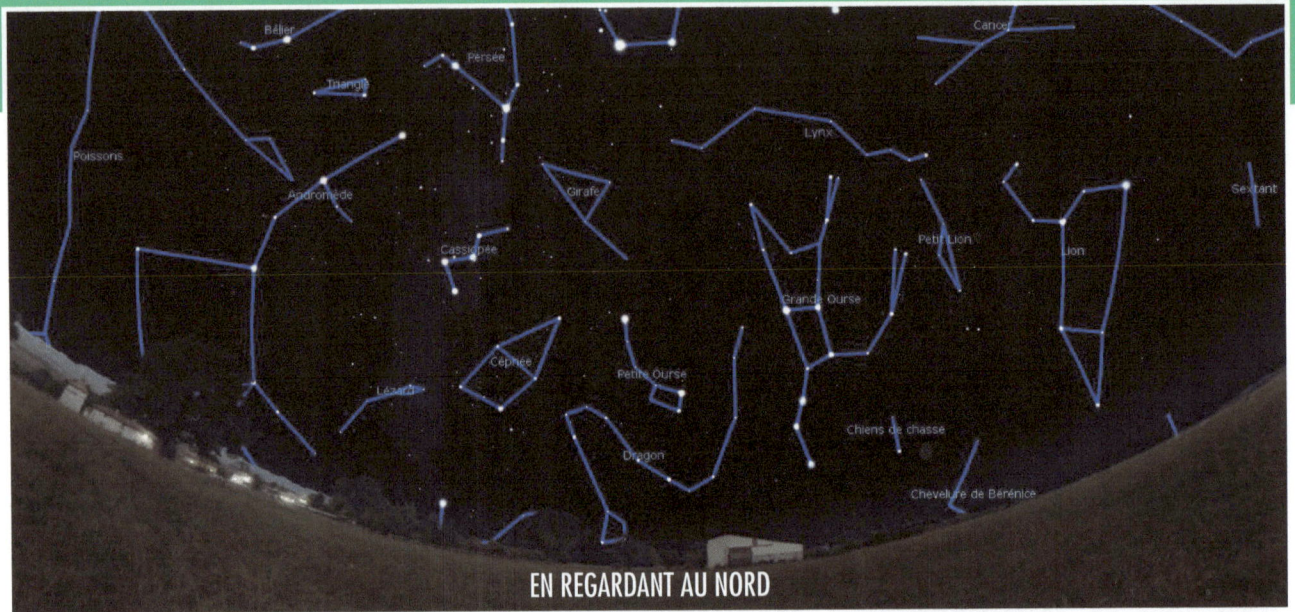

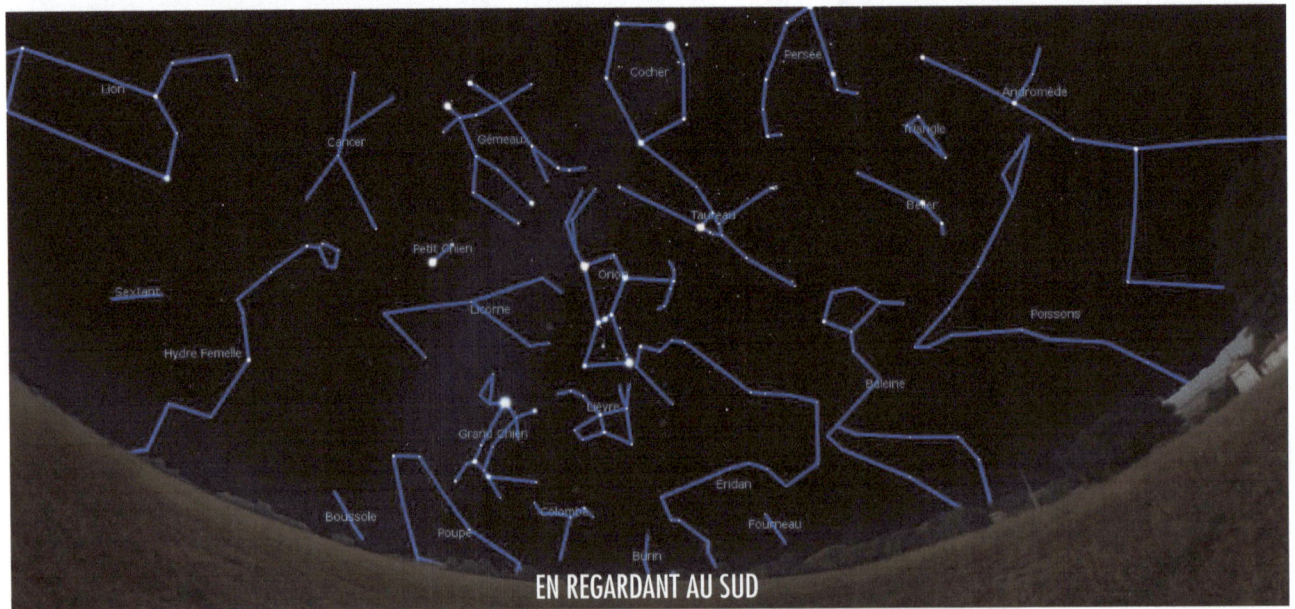

EN REGARDANT AU NORD

EN REGARDANT AU SUD

10 Orion (Le Chasseur)

Orion est la plus importante constellation hivernale. Elle est facilement reconnaissable aux trois étoiles qui composent la ceinture d'Orion. L'étoile rouge près du sommet de la constellation s'appelle Bételgeuse, tandis que l'étoile blanche bleuté, en bas à droite, s'appelle Rigel.

DIFFICULTÉ

Bételgeuse

Rigel

Ceinture d'Orion

Faits stellaires

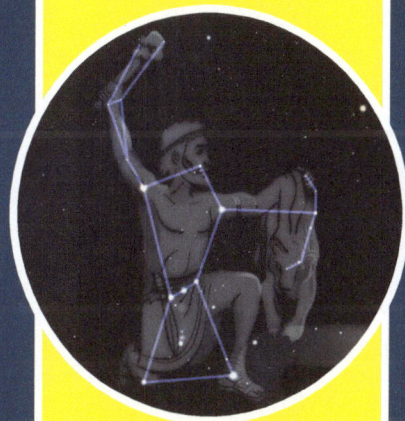

Orion est un chasseur de la mythologie grecque.

FAITS STELLAIRES : Cette constellation abrite la célèbre nébuleuse de la Tête de Cheval. Cet objet est invisible avec un petit télescope, mais c'est une excellente cible pour les astrophotographes.

11 La nébuleuse d'Orion (M42)

La grande nébuleuse d'Orion est sans doute la nébuleuse la plus brillante du ciel, donc la plus facile à trouver. Située juste en dessous de la ceinture d'Orion, elle se repère sans télescope par la tache de lumière qu'elle forme dans l'épée d'Orion.

Faits stellaires

Une nébuleuse est un nuage de gaz et de poussière qui apparaît dans le ciel nocturne comme une tache lumineuse.

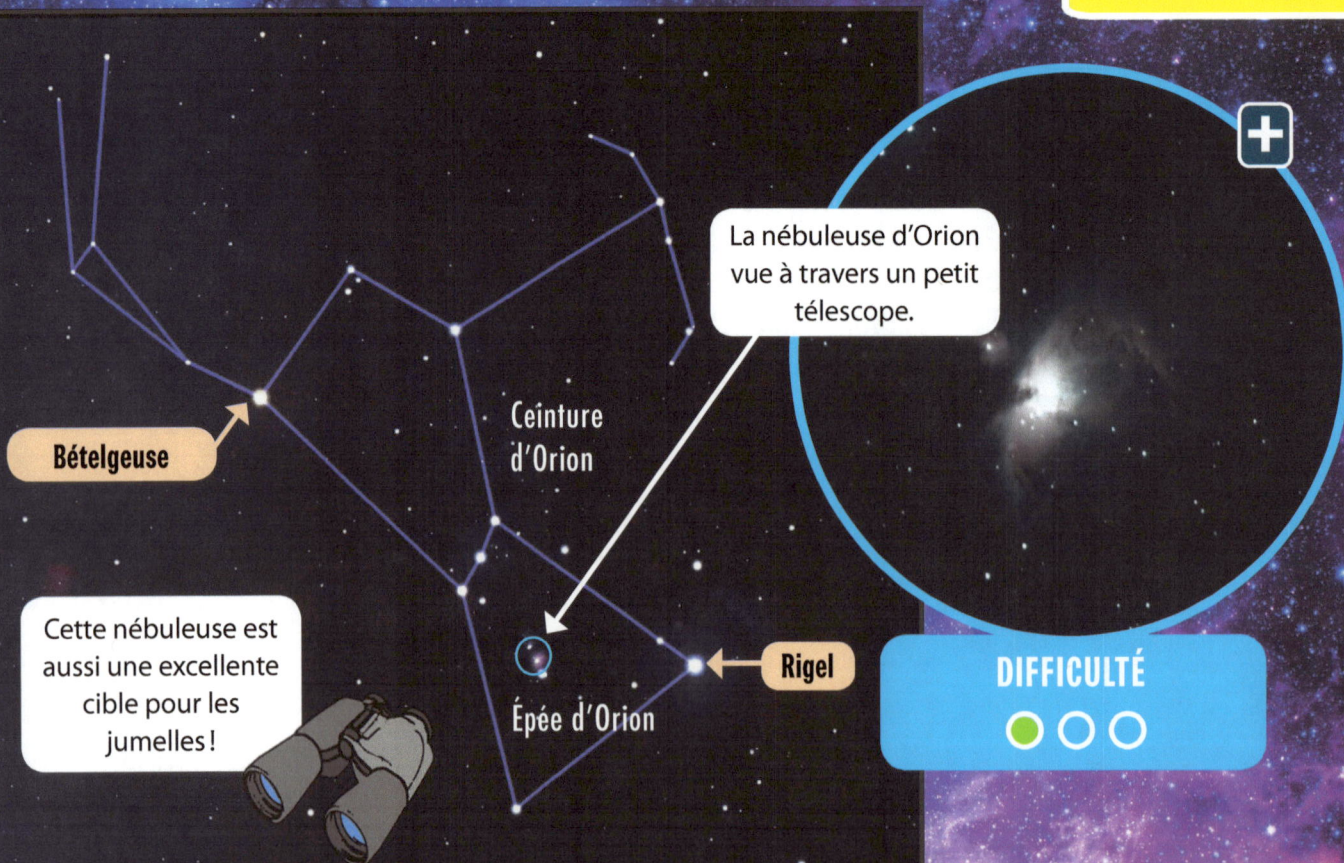

La nébuleuse d'Orion vue à travers un petit télescope.

Bételgeuse

Ceinture d'Orion

Cette nébuleuse est aussi une excellente cible pour les jumelles !

Épée d'Orion

Rigel

DIFFICULTÉ

12 Les Gémeaux et l'amas M35

Les Gémeaux (remarquez que les lignes de la constellation tracent des jumeaux) se trouvent près d'Orion en hiver. Vous trouverez cette constellation en localisant les deux étoiles supérieures, Pollux et Castor. Près du pied du jumeau droit se trouve l'amas ouvert M35.

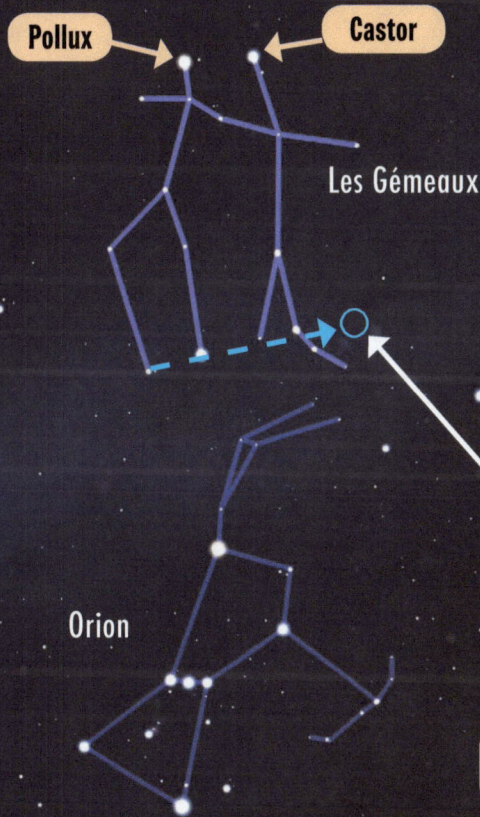

Pollux

Castor

Les Gémeaux

Orion

L'amas ouvert M35 se trouve à 2800 années-lumière de la Terre.

Faits stellaires

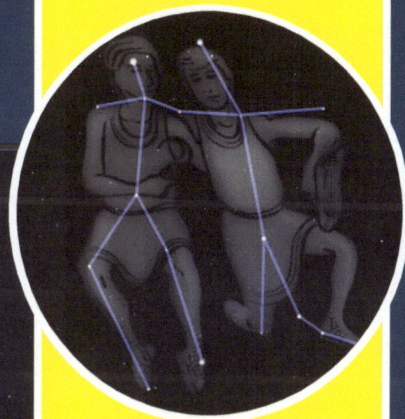

Les Gémeaux sont le lieu d'une des plus grosses pluies de météores de l'année. Les Geminides se produisent chaque année à la mi-décembre.

DIFFICULTÉ

13 Le Grand Chien et l'amas M41

Dans la mythologie grecque, le Grand Chien suit Orion, le chasseur de la section précédente. Cette constellation contient l'étoile Sirius ainsi que l'amas ouvert M41, situé au milieu de la constellation.

DIFFICULTÉ

L'amas ouvert M41 vu à travers un télescope.

Arrivez-vous encore à voir Orion ?

Sirius

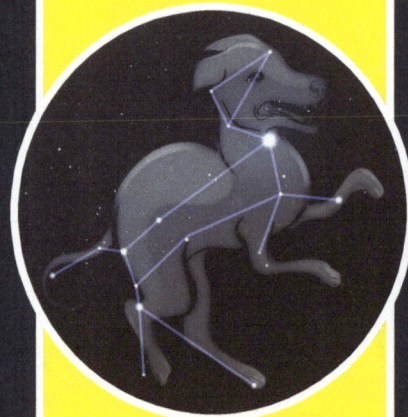

14 La nébuleuse du Crabe (M1)

La nébuleuse du Crabe est formée des restes d'une énorme étoile qui a explosé. L'explosion, appelée une supernova, a été observée par des astronomes chinois en l'an 1054.

La nébuleuse du Crabe est située à côté de l'étoile qui représente la corne gauche de la constellation du Taureau.

Le Taureau

La corne gauche

Orion

DIFFICULTÉ

15 Les Hyades (dans le Taureau)

Le Taureau est une constellation hivernale bien visible. L'étoile la plus brillante du Taureau est Aldébaran, qui se trouve à un coin des Hyades, l'amas stellaire au centre de la constellation.

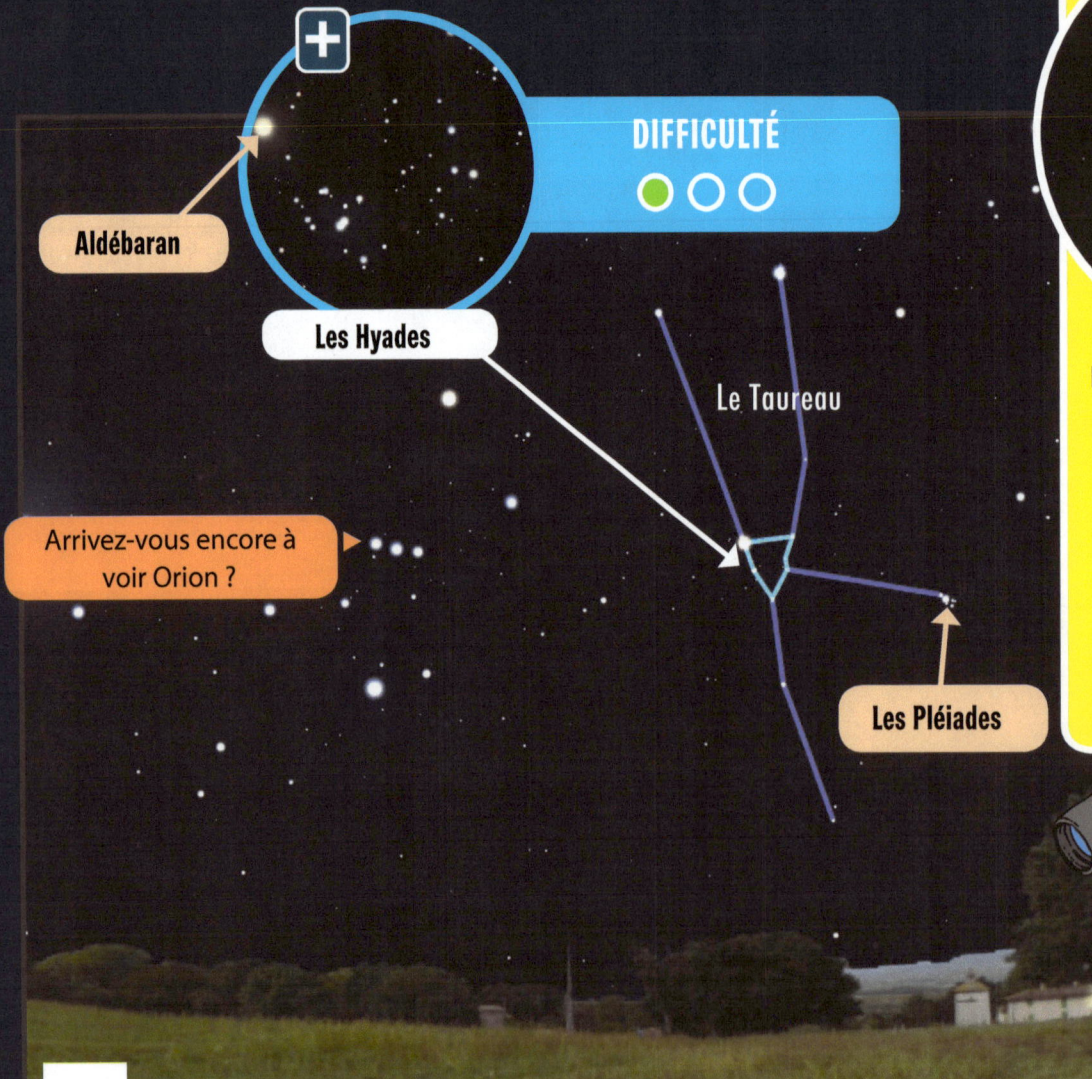

Aldébaran

Les Hyades

DIFFICULTÉ
● ○ ○

Le Taureau

Arrivez-vous encore à voir Orion ?

Les Pléiades

Faits stellaires

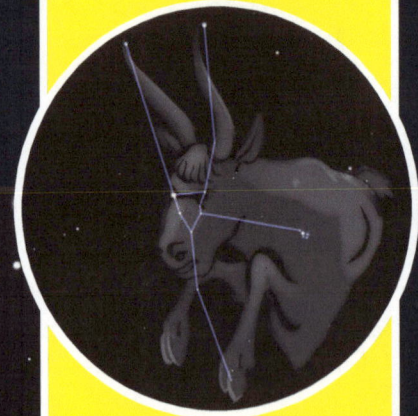

Les Hyades sont l'amas ouvert le plus près de la Terre, ce qui en fait une excellente cible pour les jumelles ou les petits télescopes. L'étoile brillante Aldébaran ne fait pas partie de l'amas.

16 Les Pléiades (M45)

Cet amas ouvert est facilement visible sans télescope, à la fin de l'automne et tout au long de l'hiver. En raison de sa forme, beaucoup de gens croient à tort que c'est la Petite Ourse. Sans télescope, seules six ou sept étoiles sont visibles, mais avec un télescope vous en verrez des centaines !

À travers un télescope ou des jumelles, les Pléiades apparaissent comme un amas brillant de dizaines d'étoiles.

Le Taureau

Orion

DIFFICULTÉ

17 L'amas de l'Étoile de Mer et l'Oiseau de Guerre

Certains amas d'étoiles ne ressemblent pas à grand-chose, mais comme pour les constellations, les gens y ont imaginé des motifs et leur ont donné des noms. M38 est surnommé l'amas de l'Étoile de Mer. J'aime bien appeler M37 l'Oiseau de Guerre, d'après le vaisseau romulien de *Star Trek* !

Faits stellaires

Le Cocher est parfois désigné par son nom latin, « Auriga ».

DIFFICULTÉ

L'Oiseau de Guerre (M37) vu à travers un télescope.

L'amas de l'Étoile de Mer (M38) vu à travers un télescope.

Le Cocher

Les Hyades

Orion

18 Persée et l'amas de la Spirale M34

Persée se trouve entre le Grand W et le Taureau. Cette constellation est surtout célèbre pour ses Perséides, une pluie de météores qui se produit à la mi-août. En été, cependant, Persée ne se lève qu'après minuit ; vous devrez donc vous coucher tard pour voir les meilleures étoiles filantes. L'amas M34 se trouve près de Persée.

Faits stellaires

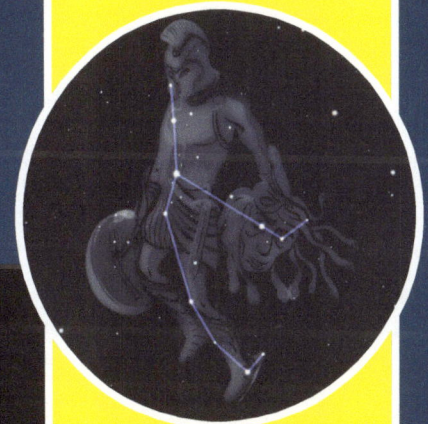

Persée porte le nom d'un grand héros de la mythologie grecque.

Voici encore les Hyades et les Pléiades !

Persée

Algol

L'amas de la Spirale M34

Arrivez-vous encore à voir le Grand W?

DIFFICULTÉ

L'Hexagone d'hiver et l'amas du Satellite

Pendant l'hiver, un motif d'étoiles appelé l'Hexagone d'hiver vous orientera pour identifier les constellations voisines. L'hexagone prend forme en reliant les étoiles Rigel, Aldébaran, Capella, Pollux, Procyon et Sirius.

Capella

Le Cocher

Le Taureau

Pollux

Les Gémeaux

Aldébaran

Orion

Procyon

Rigel

L'amas du Satellite NGC 2244 vu à travers un télescope.

Sirius

DIFFICULTÉ

36

CHAPITRE 3
Objets printaniers

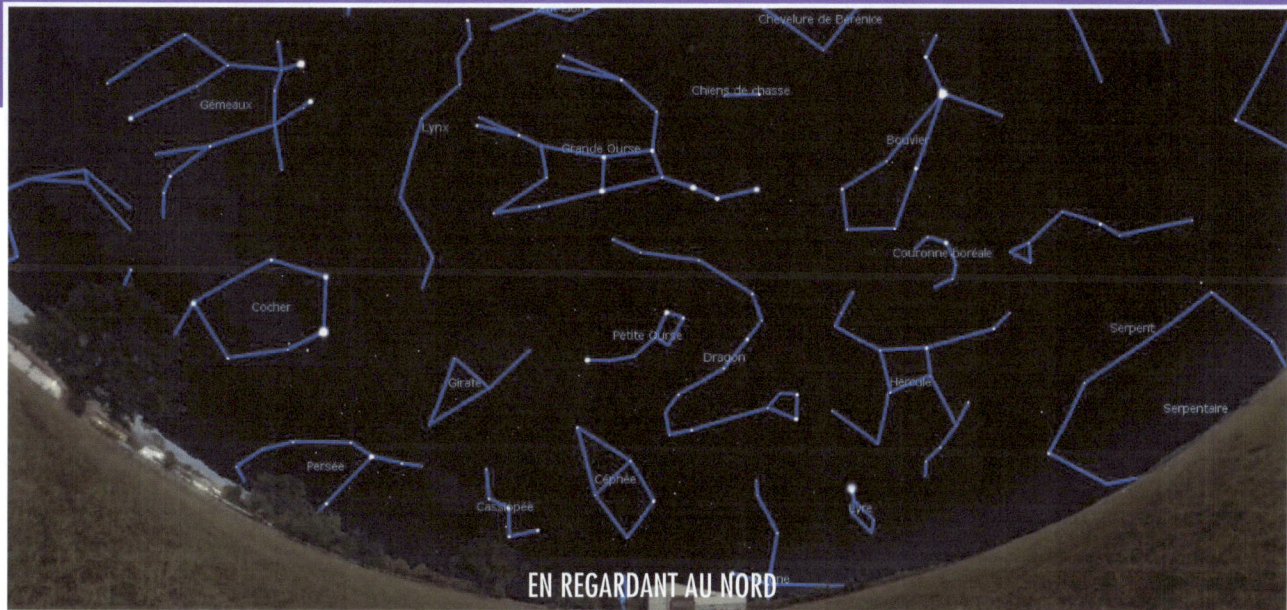

EN REGARDANT AU NORD

EN REGARDANT AU SUD

20 La Couronne boréale et l'amas M5

Cette petite mais belle constellation se trouve en face du manche de la Grande Casserole. La Couronne boréale se nomme « Corona Borealis » en latin. La constellation compte sept étoiles brillantes qui forment un arc de cercle, comme des chevaliers autour d'une table ronde.

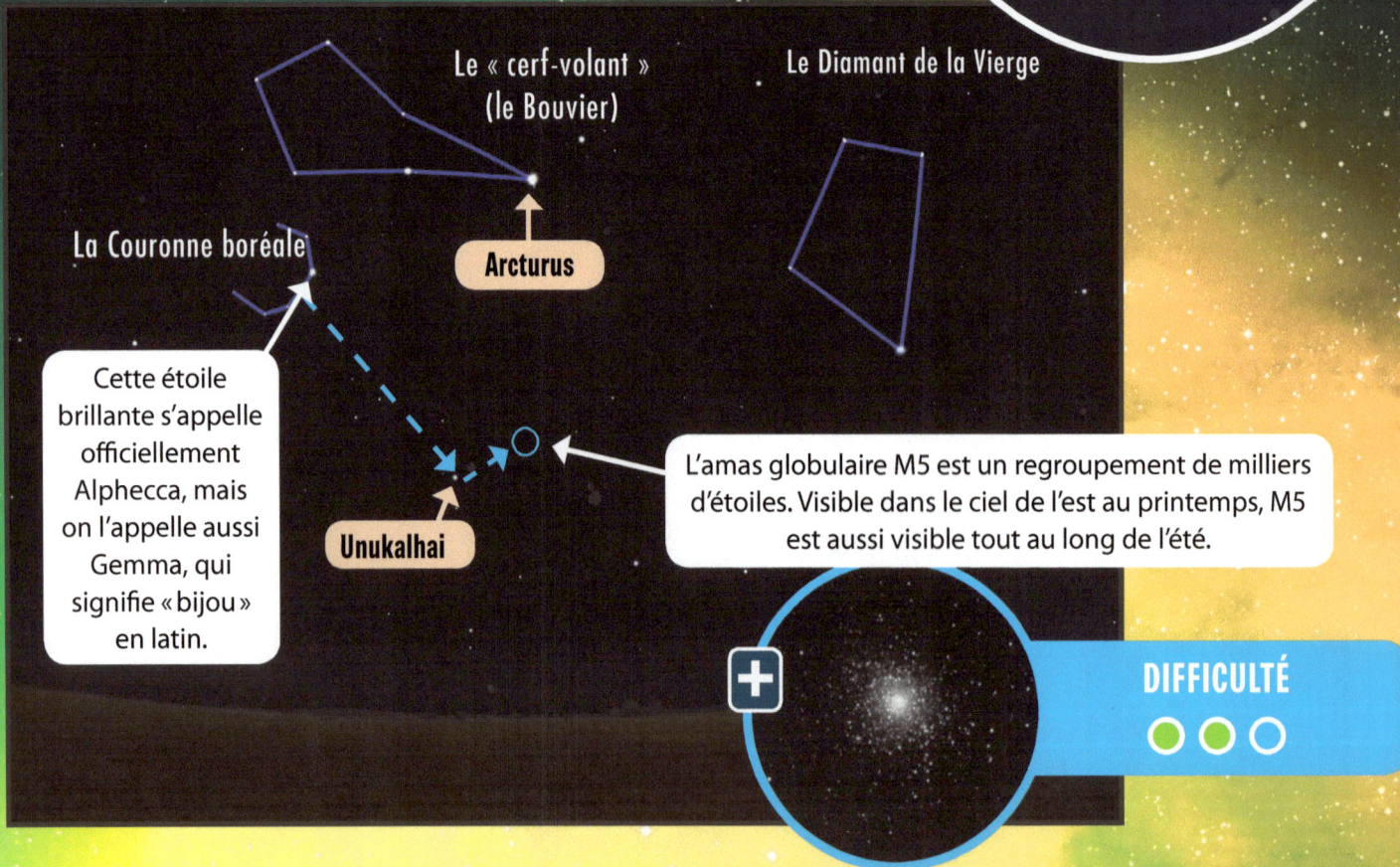

Le « cerf-volant » (le Bouvier)

Le Diamant de la Vierge

La Couronne boréale

Arcturus

Cette étoile brillante s'appelle officiellement Alphecca, mais on l'appelle aussi Gemma, qui signifie « bijou » en latin.

Unukalhai

L'amas globulaire M5 est un regroupement de milliers d'étoiles. Visible dans le ciel de l'est au printemps, M5 est aussi visible tout au long de l'été.

DIFFICULTÉ

38

21 Le Bouvier et l'amas M3

La constellation du Bouvier, qui ressemble en fait à un grand cerf-volant, est située à côté de la Grande Casserole. Son étoile la plus brillante est Arcturus, la troisième étoile la plus brillante dans le ciel nocturne.

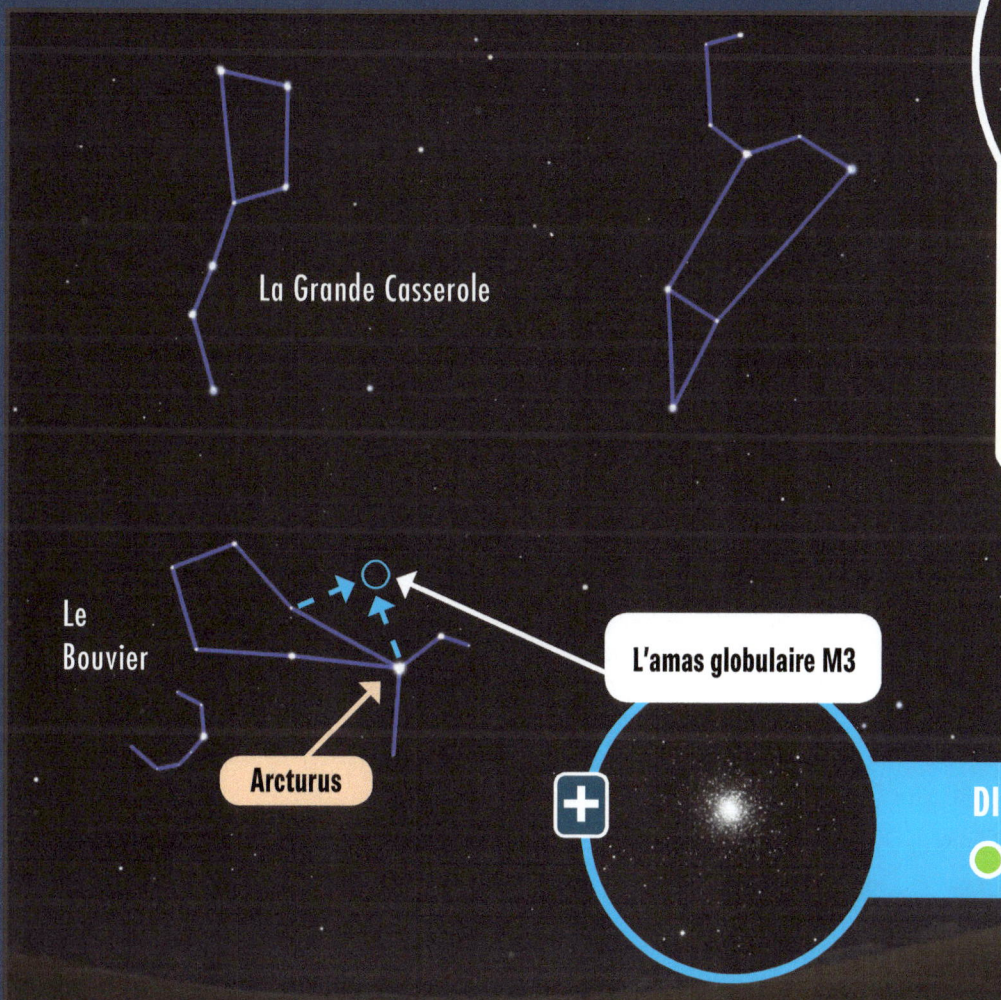

La Grande Casserole

Le Bouvier

Arcturus

L'amas globulaire M3

DIFFICULTÉ

22 Le Diamant et la galaxie du Sombrero

Allongez-vous sur le dos pour trouver la Vierge. Commencez par identifier son étoile la plus brillante, Spica. Pour y arriver, commencez par la Grande Casserole, tracez ensuite un arc jusqu'à Arcturus, une étoile rouge, puis piquez jusqu'à Spica.

Faits stellaires

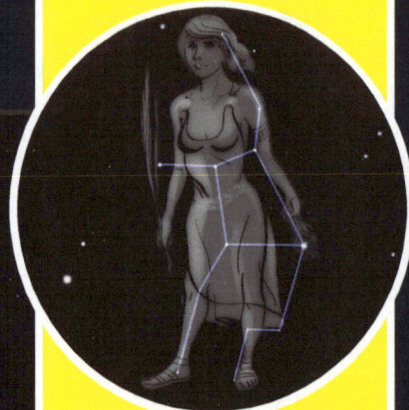

Dans la mythologie grecque, la Vierge représente la déesse de la justice.

Tracez un arc jusqu'à Arcturus, puis piquez jusqu'à Spica.

Arcturus

Le Diamant

La Vierge

Spica

Arrivez-vous encore à voir le Lion ?

La galaxie du Sombrero M104

DIFFICULTÉ

OBJETS PRINTANIERS

23 Le Lion et la galaxie du Hamburger (NGC 3628)

Le Lion est une constellation printanière qui, selon moi, ressemble davantage à une souris. Certaines personnes reconnaissent le Lion par son point d'interrogation inversé connu comme la Faucille. L'étoile la plus brillante de cette constellation est Régulus. Surnommée la galaxie du Hamburger, NGC 3628 fait partie du «Triplet du Lion», un groupe de galaxies visibles ensemble à travers un petit télescope.

Le Lion

Le Lion

La Faucille

Régulus

Voici Pollux et Castor des Gémeaux, se cachant sous le ciel printanier.

La galaxie du Hamburger (NGC 3628) n'est visible que dans un ciel extrêmement noir.

DIFFICULTÉ

24 Le Cancer et la Ruche

Les étoiles de la constellation du Cancer ne sont pas très brillantes, ce qui en fait une constellation difficile à identifier. Cependant, au centre du Cancer se trouve un objet appelé la Ruche (M44), une cible populaire pour les petits télescopes et les jumelles.

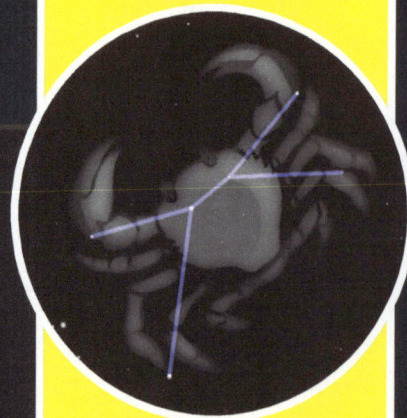

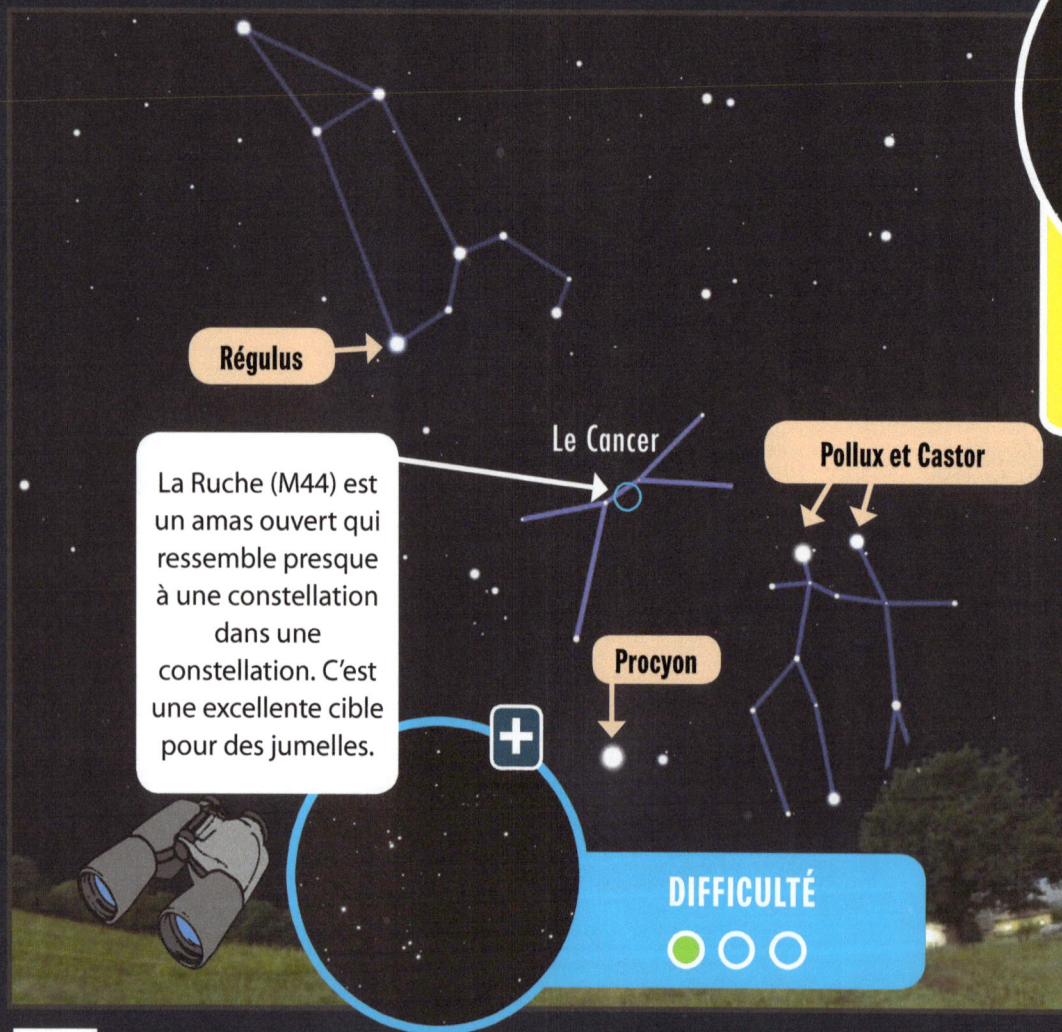

Régulus

Le Cancer

Pollux et Castor

La Ruche (M44) est un amas ouvert qui ressemble presque à une constellation dans une constellation. C'est une excellente cible pour des jumelles.

Procyon

DIFFICULTÉ

CHAPITRE 4
Objets estivaux

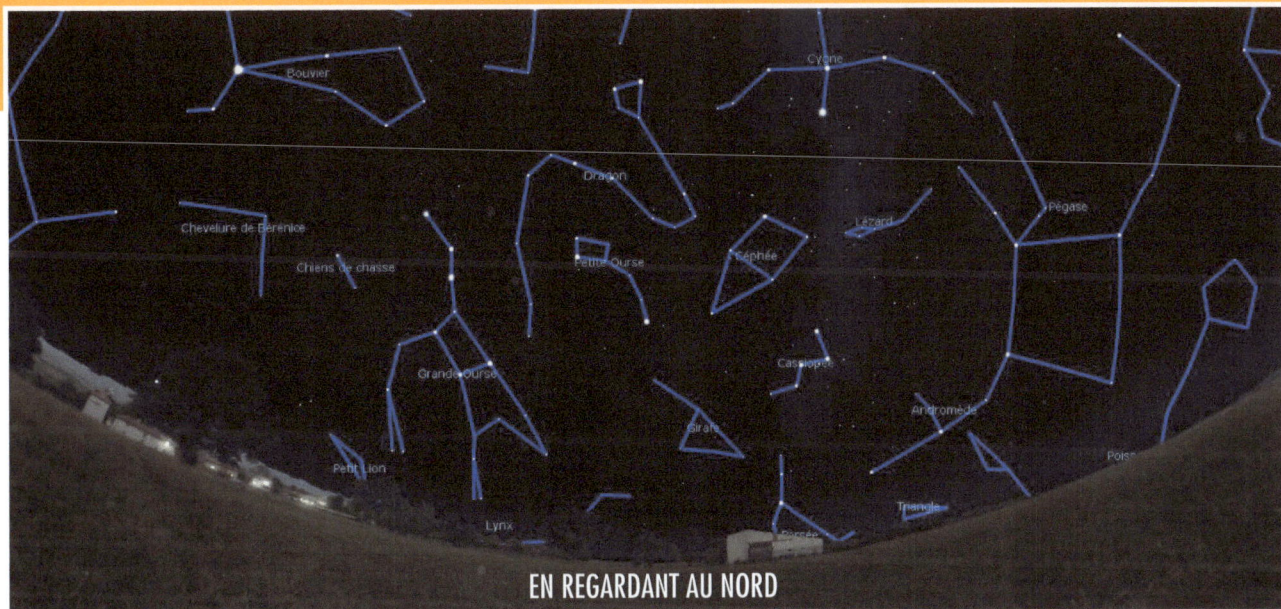

EN REGARDANT AU NORD

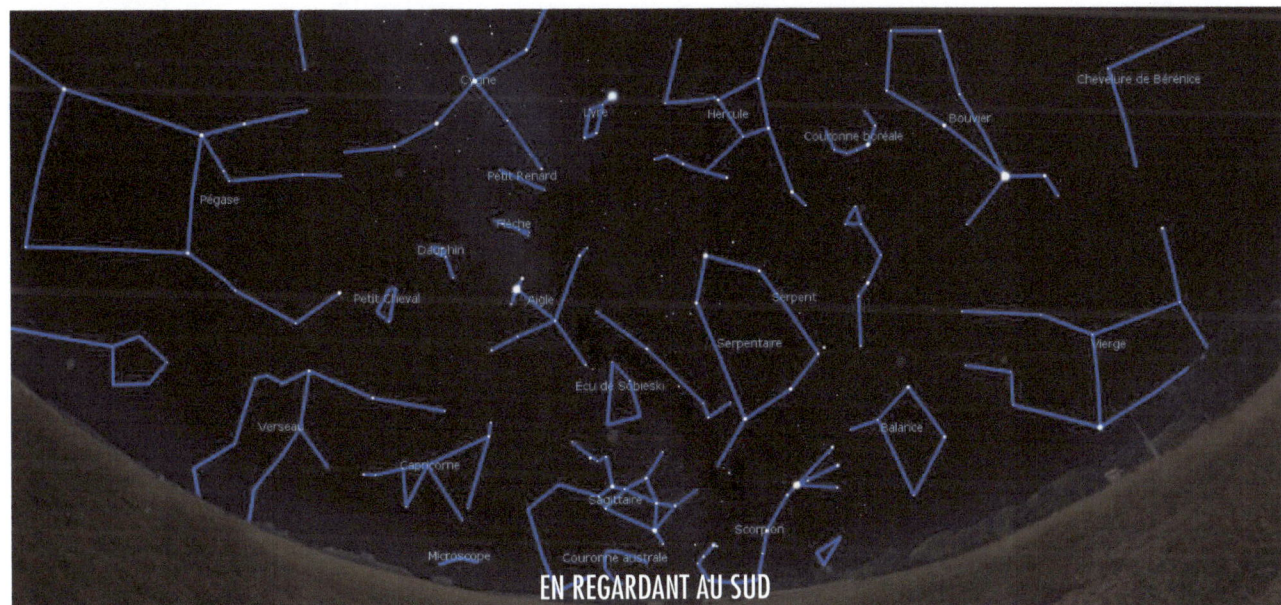

EN REGARDANT AU SUD

25 Le Scorpion et l'amas M4

Pendant l'été, le Scorpion se lève juste au-dessus de l'horizon au sud. Il est facilement reconnaissable à son dard et à son étoile rouge vif, Antarès. La partie supérieure de la constellation forme un motif d'étoiles (astérisme) parfois appelé le Râteau, et la partie inférieure est parfois appelée le Crochet.

Dans la mythologie grecque, c'est ce scorpion qui a tué Orion.

L'étoile supérieure du Râteau, connue sous le nom de Graffias, est une étoile double lorsqu'elle est observée au télescope.

DIFFICULTÉ

Le Scorpion contient beaucoup d'amas globulaires. Observez ces amas dans un ciel noir. Cette image montre l'amas globulaire M4.

Cette étoile rouge vif, Antarès, est souvent confondue avec la planète Mars. Antarès signifie littéralement «anti-Mars».

26 La nébuleuse Oméga et l'amas de Ptolémée

À la gauche du Scorpion se trouve un astérisme appelé la Théière, qui est un motif d'étoiles dans la constellation du Sagittaire. Cette partie du ciel regorge d'objets du ciel profond, et c'est un endroit qui s'explore merveilleusement avec des jumelles. Voici deux objets visibles près de la Théière.

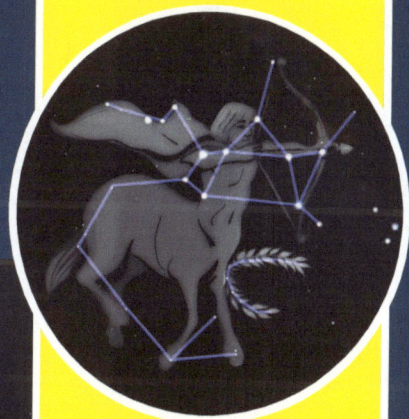

La nébuleuse Oméga ou du Cygne (M17)

DIFFICULTÉ

La Théière

L'amas de Ptolémée est aussi une excellente cible pour les jumelles!

L'amas de Ptolémée (M7)

DIFFICULTÉ

27 Les amas M22 et du Papillon (M6)

L'amas globulaire M22 (situé près du couvercle de la Théière) et l'amas du Papillon (situé entre la théière et la queue du Scorpion) font d'excellentes cibles pour les jumelles ! Lorsque vous observerez le Papillon à travers un télescope, vous devrez faire preuve d'imagination pour imaginer les ailes et les antennes formées par des arcs d'étoiles.

M22 vu à travers un télescope. C'est aussi une excellente cible pour les jumelles.

DIFFICULTÉ

La Théière

Le Scorpion

L'amas du Papillon (M6) vu à travers un télescope.

DIFFICULTÉ

L'amas du Papillon avec des lignes imaginaires pour les ailes et les antennes.

28 Les amas M10 et M12 dans le Serpentaire

Reposant au-dessus du Scorpion et de la Théière, sous Hercule, et à droite du Triangle d'été, le Serpentaire est connu pour son manque d'étoiles brillantes centrales. Il contient cependant de nombreux trésors du ciel profond, dont M9, M10, M12, M14 et M107 (tous des amas globulaires).

Faits stellaires

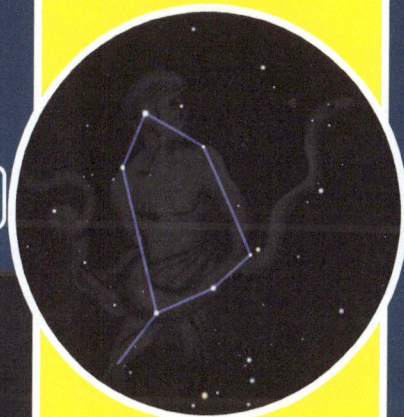

Le Serpentaire est aussi connu sous son nom grec, «Ophiuchus».

DIFFICULTÉ
○○○

L'amas globulaire M12

Le Serpentaire

L'amas globulaire M10

Le Scorpion

La Théière

DIFFICULTÉ
○○○

29 L'amas du Canard sauvage (M11) dans l'Aigle

Comme Orion pendant l'hiver, l'Aigle, une constellation d'été et d'automne, est reconnue par un alignement de trois étoiles brillantes. La plus brillante est Altaïr, bordée par Tarazed et Alshain. L'amas du Canard sauvage se trouve près de la queue de l'Aigle.

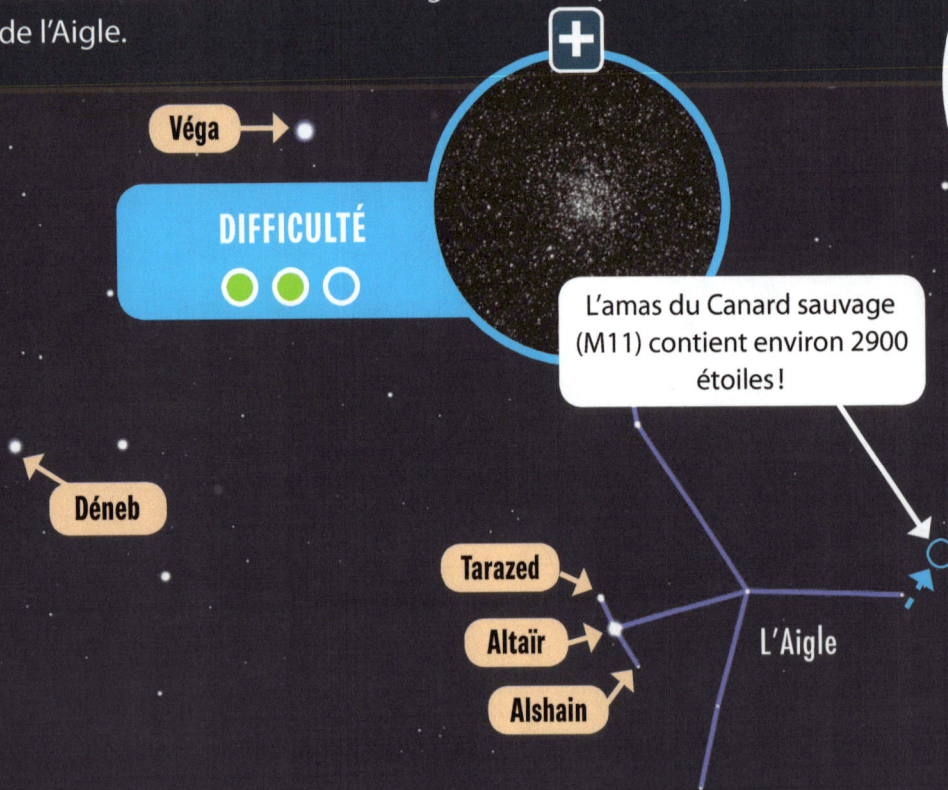

Véga

DIFFICULTÉ
○ ○ ○

L'amas du Canard sauvage (M11) contient environ 2900 étoiles !

Déneb

Tarazed

Altaïr

Alshain

L'Aigle

Faits stellaires

Selon la mythologie grecque, cet aigle était responsable du transport des éclairs de Zeus.

L'Aigle fait partie du Triangle d'été, un motif d'étoiles, ou astérisme, formé par les étoiles brillantes Véga, Déneb et Altaïr.

30 La nébuleuse de l'Aigle (M16)

La nébuleuse de l'Aigle est la source d'une des plus célèbres images du Télescope spatial Hubble : les Piliers de la création (à droite). La nébuleuse se trouve dans la constellation de l'Écu de Sobieski, mais comme il s'agit d'une constellation assez sombre, vous devrez peut-être utiliser les étoiles de la Théière et de l'Aigle pour vous guider.

DIFFICULTÉ

La nébuleuse de l'Aigle (M16) vue à travers un télescope.

L'Aigle

L'Écu de Sobieski

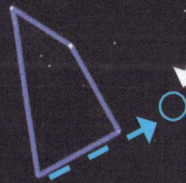

La Théière

Faits stellaires

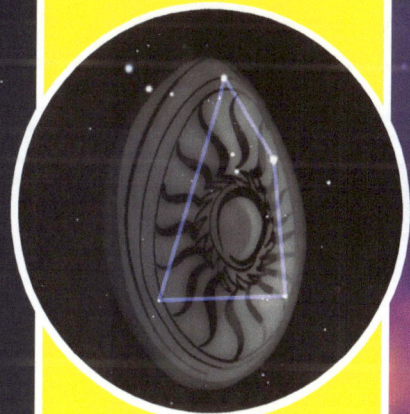

L'Écu de Sobieski est aussi appelé «le Bouclier».

31 La nébuleuse de l'Anneau (M57) dans la Lyre

La Lyre, de l'instrument de musique du même nom (une petite harpe), est facilement reconnaissable en été et en automne grâce à Véga, l'une des étoiles les plus brillantes du ciel, et au motif d'étoiles en diamant qui forme le reste de la constellation.

La Lyre

Véga

La Lyre

Véga

Déneb

La nébuleuse de l'Anneau (M57)

Altaïr

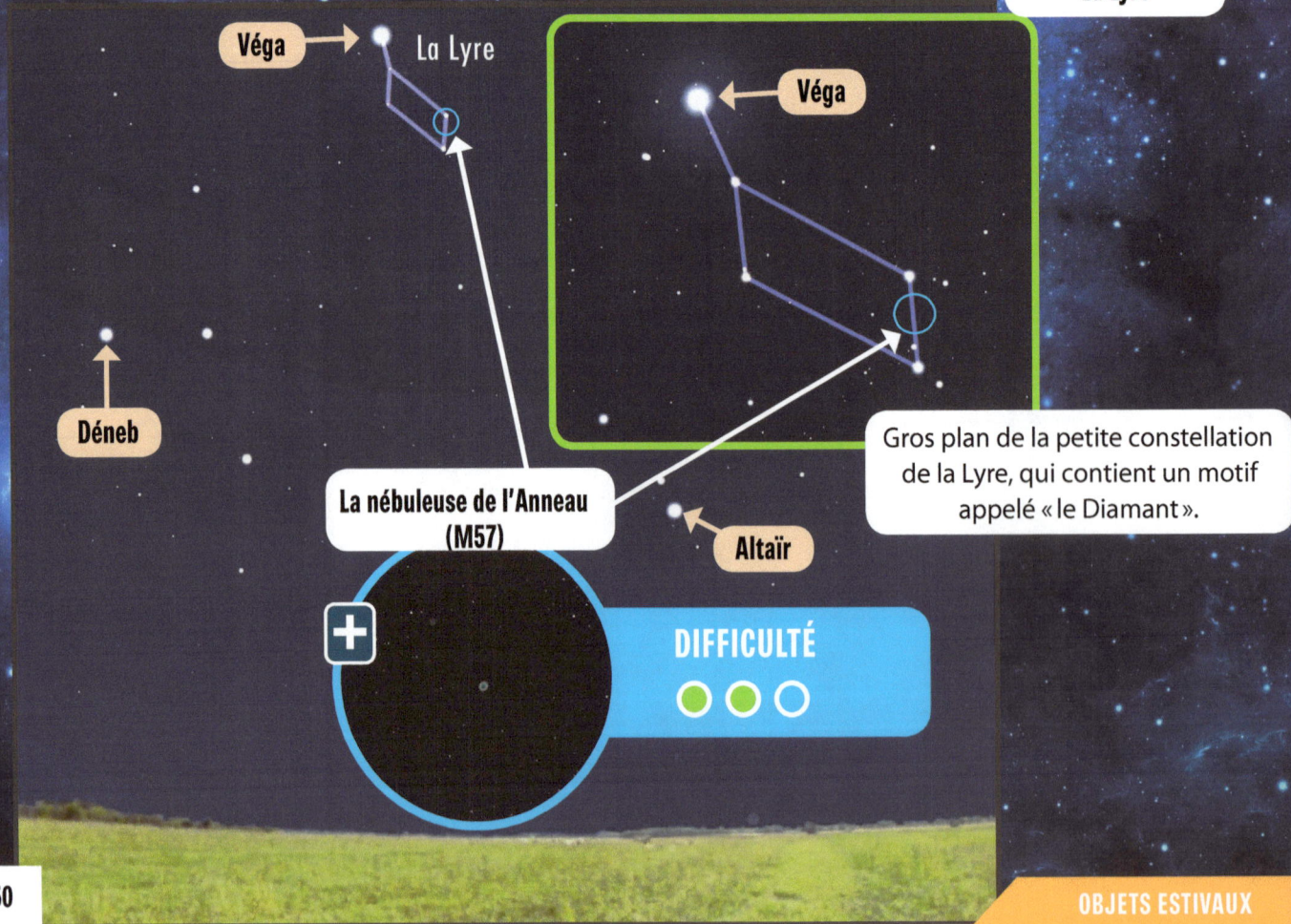

Gros plan de la petite constellation de la Lyre, qui contient un motif appelé « le Diamant ».

DIFFICULTÉ

OBJETS ESTIVAUX

32 La Croix du Nord, Albiréo et l'amas M56

La Croix du Nord est un motif d'étoiles situé dans la constellation du Cygne. Son étoile la plus brillante est Déneb, qui fait également partie du Triangle d'été. L'amas globulaire M56 et Albiréo sont des objets intéressants à observer qui se trouvent à la base de la Croix du Nord.

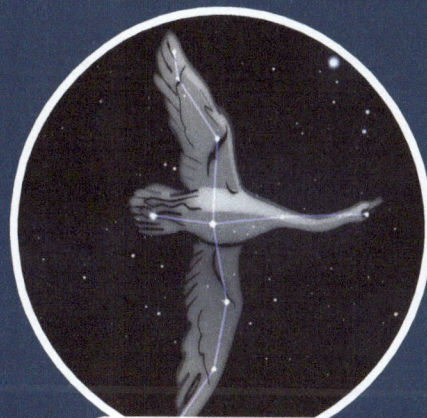

Le Cygne

Véga

La Croix du Nord

Déneb

DIFFICULTÉ
● ● ○

Ce petit amas globulaire, appelé M56, est visible à travers un télescope dans un ciel très noir.

Altaïr

DIFFICULTÉ
● ○ ○

Albiréo est une étoile double. L'étoile Albiréo A, plus brillante, est de couleur jaune ou ambre, tandis que l'étoile Albiréo B est bleue.

33 Le Triangle d'été et l'amas M71

Si vous êtes capable d'identifier la Lyre, le Cygne et l'Aigle, il est temps de rassembler leurs étoiles les plus brillantes dans un motif d'étoiles connu sous le nom de Triangle d'été. Cette combinaison vous aidera à naviguer dans le ciel nocturne et à localiser plusieurs cibles de télescope intéressantes, dont la Flèche et l'amas globulaire M71.

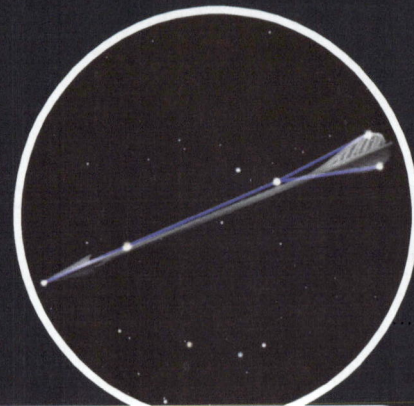

Gros plan de la petite constellation de la Flèche.

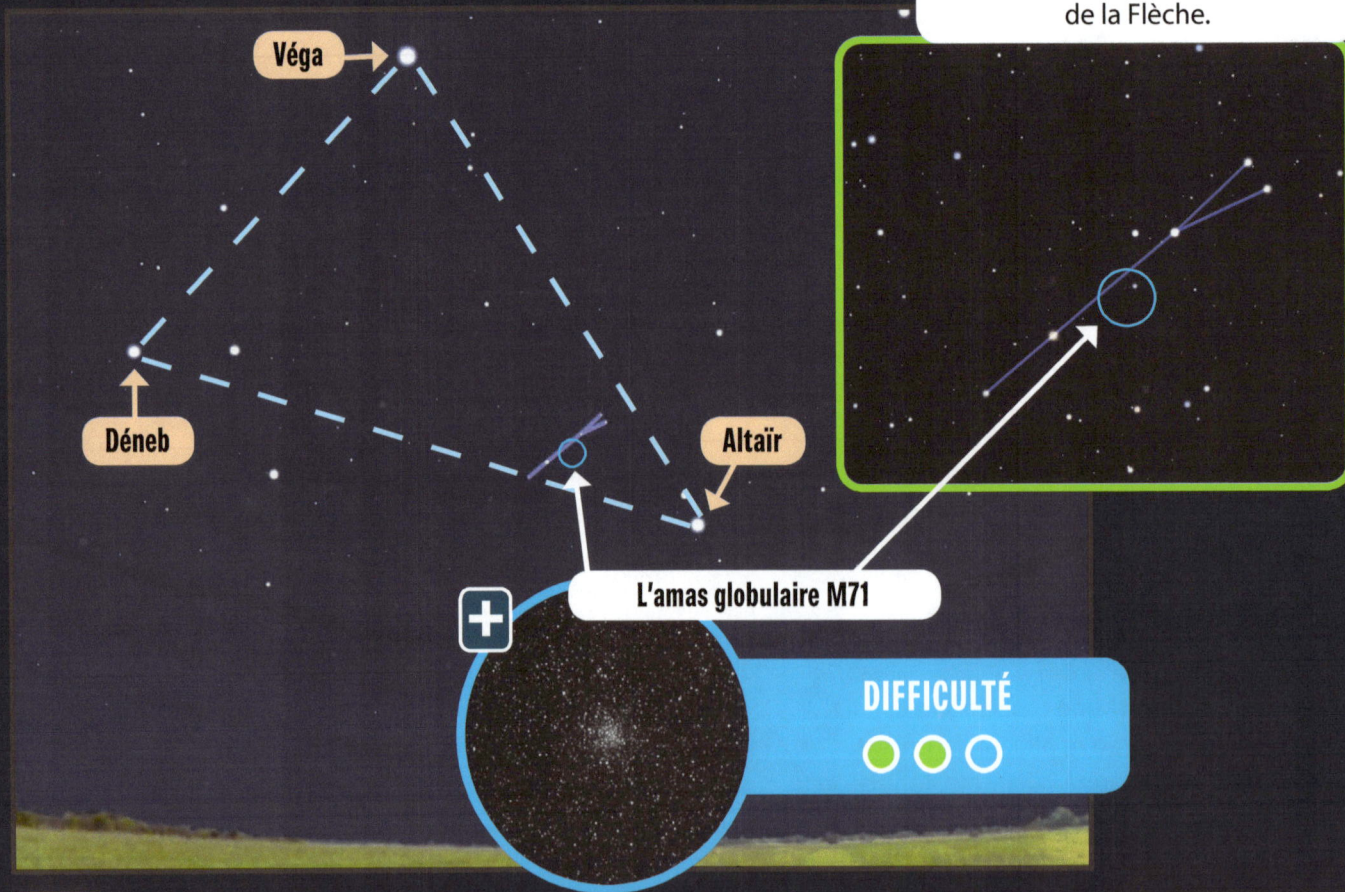

Véga

Déneb

Altaïr

L'amas globulaire M71

DIFFICULTÉ

34 La nébuleuse de l'Haltère(M27)

La nébuleuse de l'Haltère est un nuage de gaz incandescent libéré par une étoile. C'est la première nébuleuse découverte. Elle est si grande qu'elle remplirait l'espace entre notre Soleil et l'étoile la plus près, qui se trouve à environ 4,5 années-lumière !

Faits stellaires

« Nébuleuse » vient du latin *nebula*, qui signifie « nuage » en latin.

DIFFICULTÉ
● ● ○

Véga →

Déneb

Albiréo

La nébuleuse de l'Haltère (M27)

La Croix du Nord

La Flèche

Altaïr →

L'Aigle

35 L'amas du Cintre

Le Cintre est un amas d'étoiles qui repose sur le Triangle d'été.
Cherchez six étoiles brillantes alignées, puis les quatre autres
étoiles qui forment l'hameçon du cintre.

DIFFICULTÉ ● ○ ○

Véga

L'amas du Cintre vu à travers un télescope ou des jumelles.

Déneb

Le Triangle d'été

Altaïr

36 L'amas M13 dans Hercule

Le Trapèze d'Hercule est un astérisme dans la constellation estivale d'Hercule. Comme cette constellation est plus sombre que la plupart des autres, il est plus facile de la trouver grâce à d'autres objets, comme l'étoile brillante Véga.

Faits stellaires

Dans la mythologie grecque, Hercule est le fils immortel de Zeus.

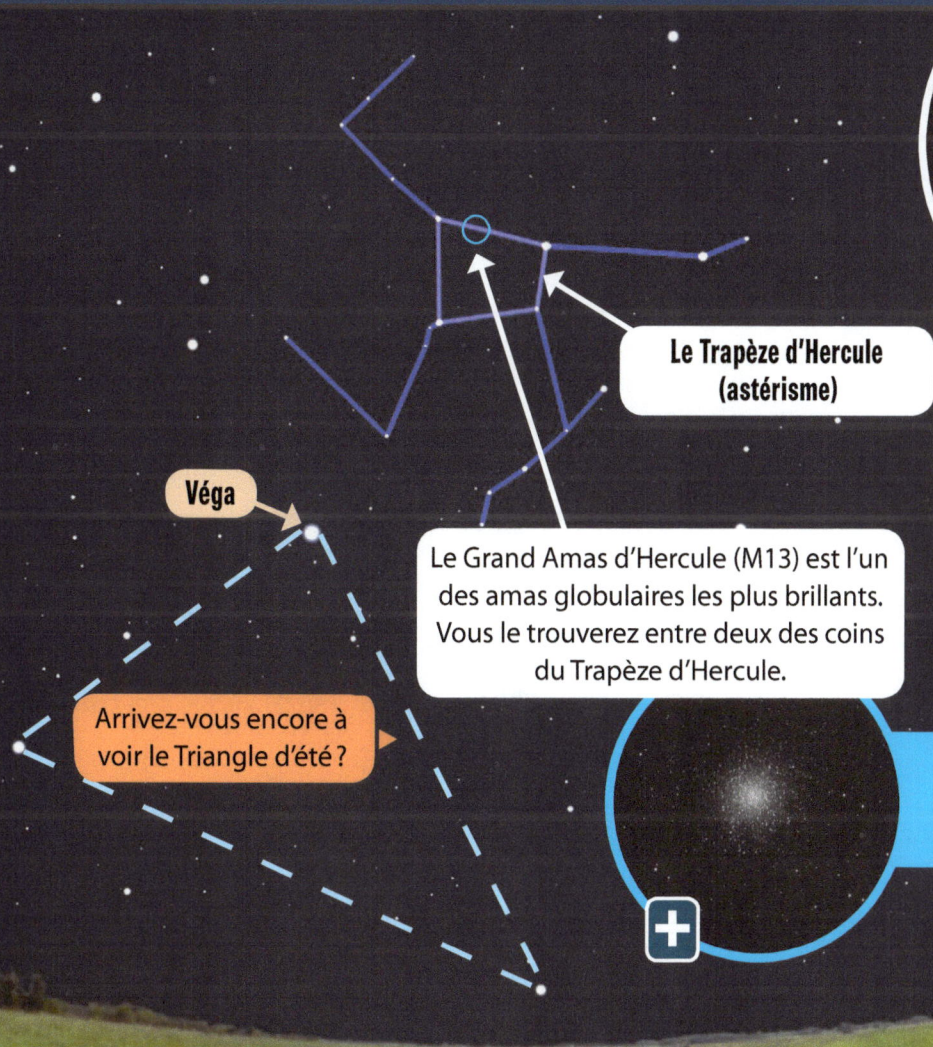

Le Trapèze d'Hercule (astérisme)

Véga

Le Grand Amas d'Hercule (M13) est l'un des amas globulaires les plus brillants. Vous le trouverez entre deux des coins du Trapèze d'Hercule.

Arrivez-vous encore à voir le Triangle d'été ?

DIFFICULTÉ
● ○ ○

37 La Ruche d'été

La Ruche d'été est un amas ouvert situé à 1400 années-lumière de la Terre. Sa collection d'étoiles brillantes en fait une cible idéale pour des jumelles ou un petit télescope. En observant cet amas, beaucoup de gens voient le mot « HI » écrit dans les étoiles. Qu'y voyez-vous ?

Faits stellaires

Une année-lumière est une unité de distance déterminée par la distance que parcourt la lumière en une année.

DIFFICULTÉ

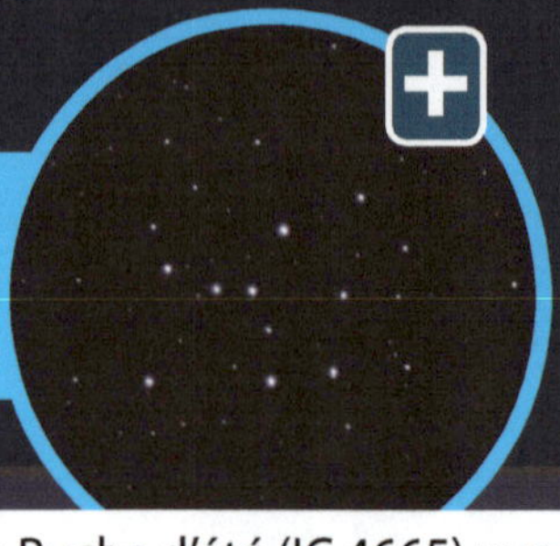

La Ruche d'été (IC 4665) vue à travers un télescope.

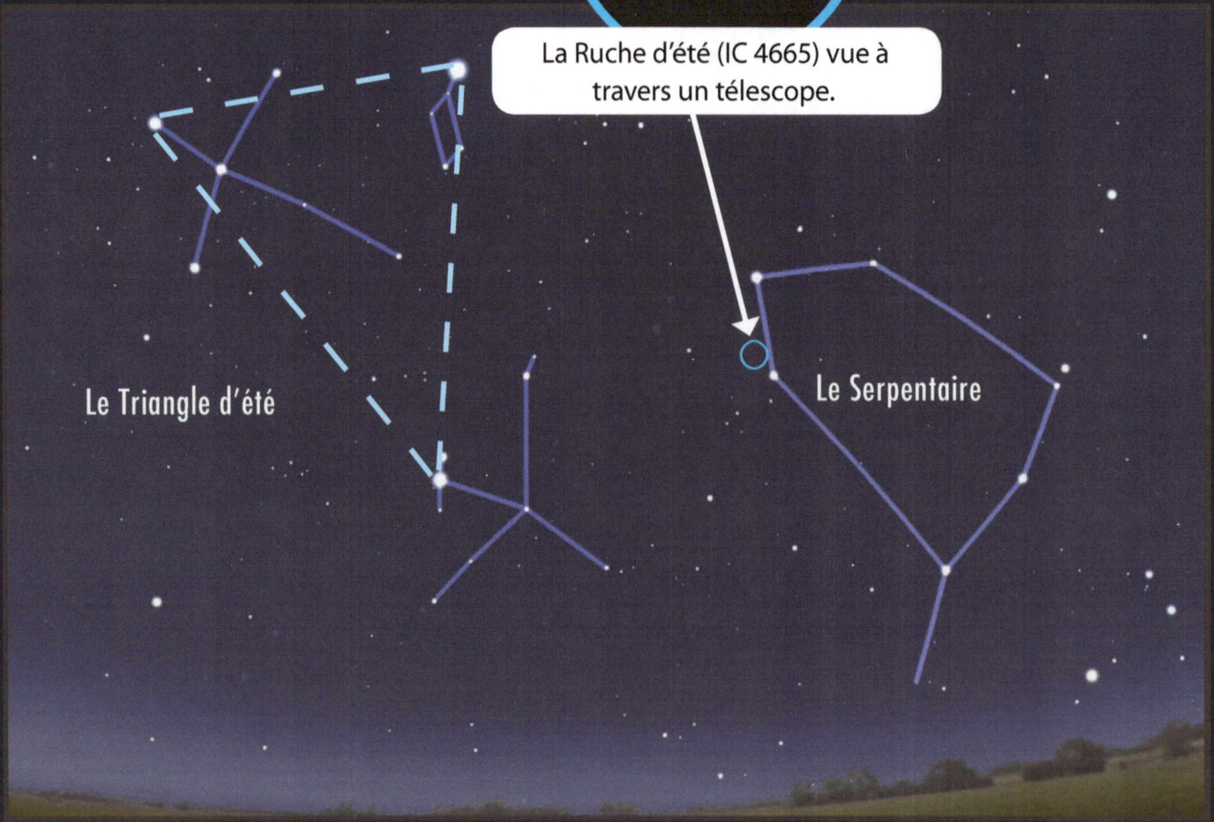

Le Triangle d'été
Le Serpentaire

CHAPITRE 5
Objets automnaux

EN REGARDANT AU NORD

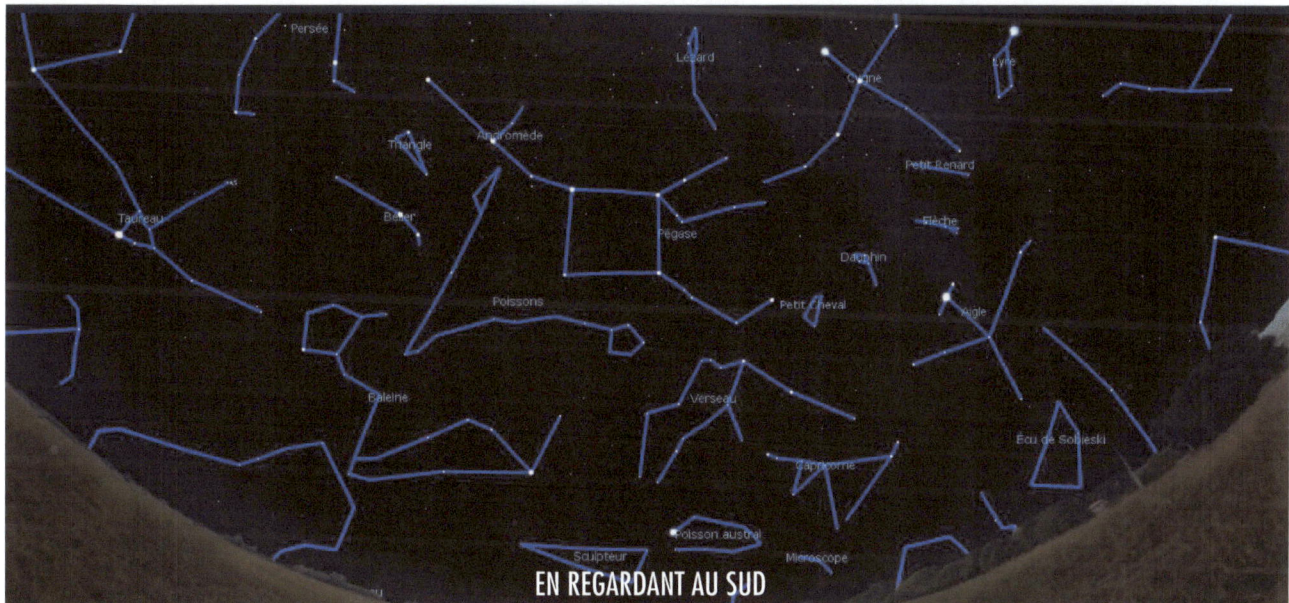

EN REGARDANT AU SUD

38 La galaxie du Triangle et Pégase

À partir de l'Étoile polaire, Pégase se trouve du côté opposé à Cassiopée. Le Grand Carré est un motif d'étoiles qui fait partie de la constellation. Bien que le Grand Carré en lui-même n'offre pas de cibles intéressantes à observer, il peut vous guider vers des cibles à proximité, comme les galaxies du Triangle et d'Andromède.

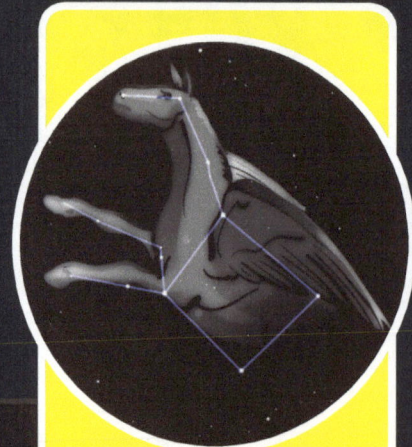

N'OUBLIEZ PAS ! Les objets dans le ciel nocturne semblent tourner autour de l'Étoile polaire. Selon le moment de la nuit et de l'année, Pégase peut apparaître à droite, à gauche ou au-dessus de l'Étoile polaire.

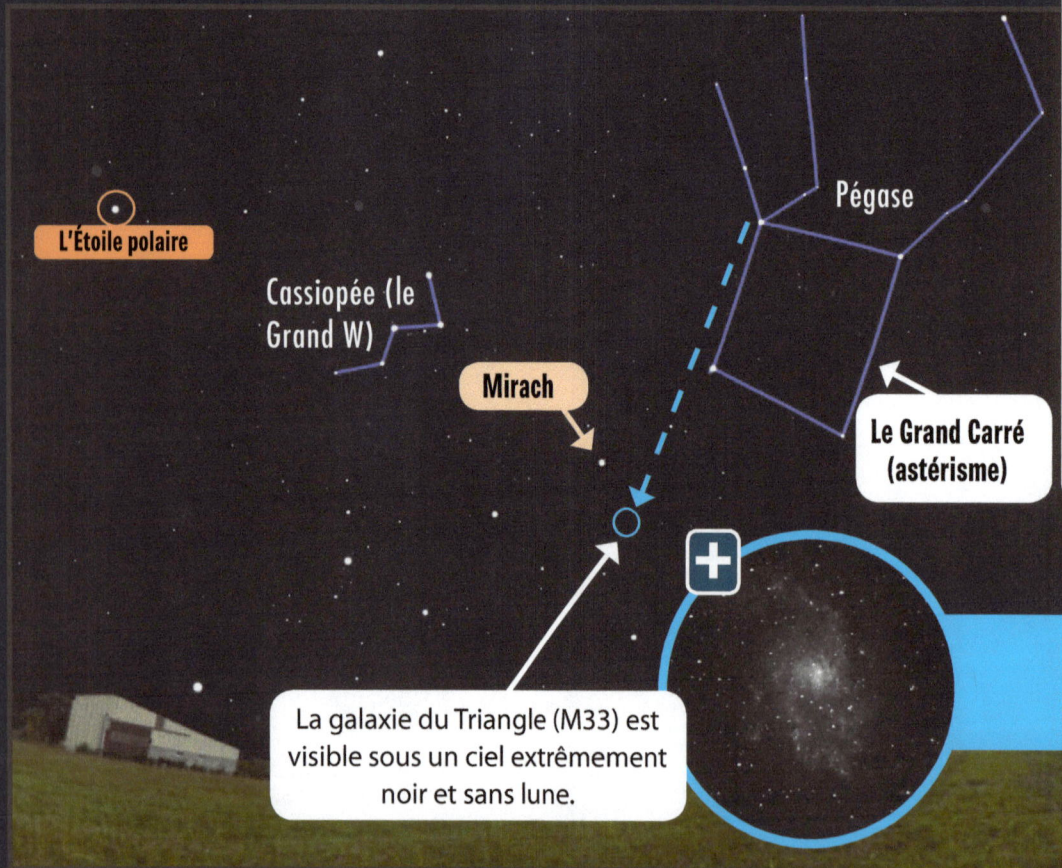

L'Étoile polaire

Cassiopée (le Grand W)

Mirach

Pégase

Le Grand Carré (astérisme)

La galaxie du Triangle (M33) est visible sous un ciel extrêmement noir et sans lune.

DIFFICULTÉ

39 La galaxie d'Andromède

À seulement deux millions d'années-lumière de distance, Andromède est la galaxie la plus près de la Terre (à l'exception de quelques galaxies naines qui ont moins de quelques dizaines de milliards d'étoiles). Dans un ciel noir, cette galaxie est visible même sans télescope. Pour la trouver, utilisez le Grand W afin d'identifier les étoiles de référence dans la constellation d'Andromède.

Faits stellaires

Quand l'été passe à l'automne, les jours raccourcissent et les étoiles sortent plus tôt. C'est pourquoi de nombreuses constellations estivales peuvent encore être observées pendant l'automne.

L'étoile Polaire

Le Grand W

Andromède

La galaxie d'Andromède (M31) vue à travers un petit télescope.

Cette galaxie est aussi une excellente cible pour les jumelles!

DIFFICULTÉ
● ○ ○

40 L'Amas double

Ces deux amas, appelés NGC 869 et NGC 884, sont visibles à l'œil nu dans un ciel extrêmement noir. Cependant, vus à travers un télescope, ils offrent un spectacle magnifique dans presque toutes les conditions.

L'Étoile polaire

Le Grand W

NGC 869

NGC 884

L'Amas double est aussi une excellente cible pour les jumelles !

DIFFICULTÉ

41 La nébuleuse de l'Iris dans Céphée

La nébuleuse de l'Iris est un nuage de poussière qui réfléchit la lumière d'une étoile voisine. Ses pétales de lumière d'un bleu poudreux qui s'étendent sur six années-lumière lui ont valu le nom d'une fleur. Elle a été découverte par William Herschel, qui a également découvert la planète Uranus. L'observation de cette nébuleuse nécessite un ciel extrêmement noir.

DIFFICULTÉ

La nébuleuse de l'Iris
(NGC 7023)

Céphée

L'Étoile polaire

La Grande Casserole

Le Grand W

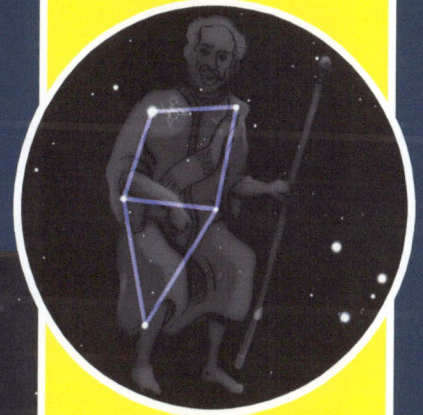

CHAPITRE 6

Autres objets

42 Mercure

Mercure est extrêmement près du Soleil ; elle peut donc être difficile à observer. Elle n'apparaît dans le ciel nocturne que quelques jours par année. Puisque cette planète est plus près du Soleil que la Terre, une observation attentive et fréquente vous révélera que Mercure a des phases comme la Lune !

Faits stellaires

En astronomie, Mercure et Vénus sont appelées les planètes inférieures parce qu'elles sont plus près du Soleil que la Terre.

Cette image de Mercure a été prise lors d'un survol effectué par *MESSENGER*, un vaisseau spatial automatique de la NASA.

Mercure vue à travers un petit télescope.

DIFFICULTÉ

43 Vénus

Puisqu'elle est si près du Soleil, Vénus n'apparaît que peu après le coucher du soleil et peu avant son lever. Comme Mercure, cette planète est plus près du Soleil que la Terre et a des phases comme la Lune. Vénus apparaît blanche à travers un télescope ; c'est pourquoi certaines personnes pourraient penser qu'elles regardent la Lune.

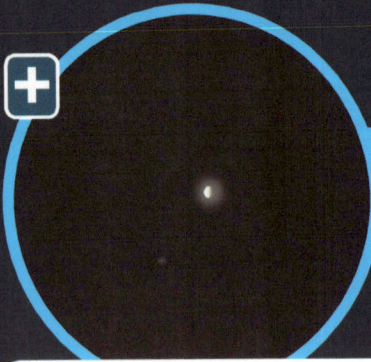

+

DIFFICULTÉ
○ ○ ○

Vénus telle qu'elle apparaît à travers un petit télescope (remarquez-vous comme elle ressemble presque à la Lune ?).

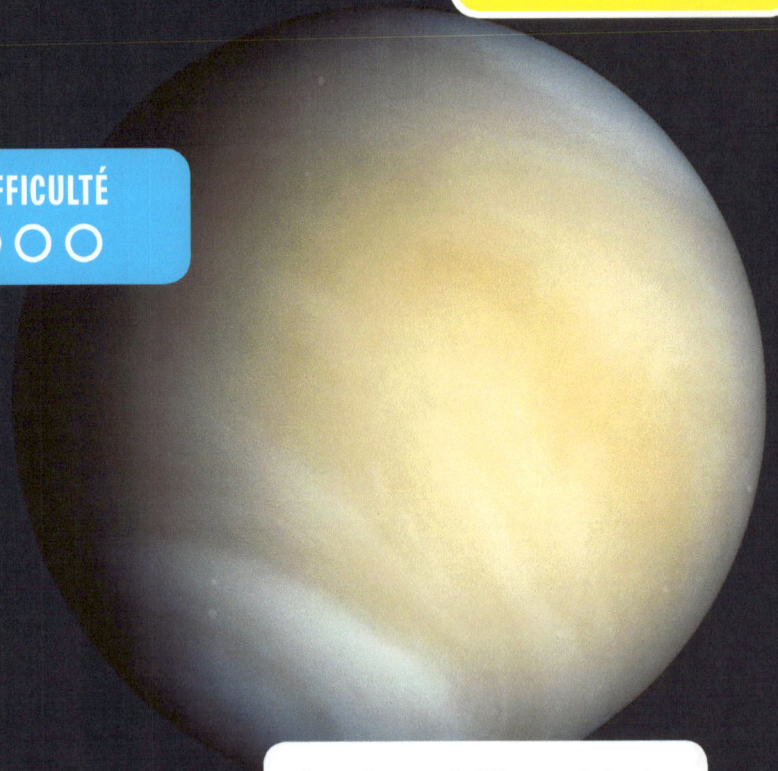

Cette image de Vénus a été prise par le vaisseau spatial automatique de la NASA nommé *Mariner 10*.

44 Mars

La température moyenne à la surface de Mars est d'environ -55 °C, mais les températures autour de l'équateur peuvent monter jusqu'à environ +20 °C. Avec des journées de seulement 37 minutes de plus que sur Terre, Mars est considérée comme un endroit privilégié pour l'exploration humaine. Par contre, les humains auront toujours besoin d'une combinaison spatiale sur Mars, puisqu'elle n'a qu'un pour cent de la pression atmosphérique de la Terre.

La NASA utilise depuis 20 ans des rovers robotisés à la surface de Mars.

Le rover *Curiosity* de la NASA

Mars, la quatrième planète à partir du Soleil, se trouve à environ six mois de voyage en vaisseau spatial. À ce jour toutefois, seuls des engins spatiaux robotisés l'ont visitée.

Dans des conditions idéales, vous verrez peut-être ses calottes glaciaires polaires et différentes teintes de rouge et de brun. Cependant, vue à travers un télescope, Mars ressemble la plupart du temps à une étoile rouge vif.

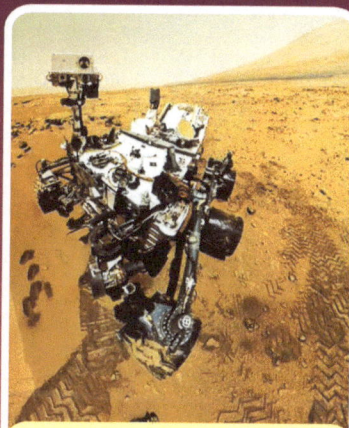

DIFFICULTÉ

○ ○ ○

Mars vue à travers un télescope.

45 Jupiter

Jupiter est la plus volumineuse planète du système solaire. Elle est plus grosse que toutes les autres planètes réunies. Les quatre lunes les plus brillantes de Jupiter, découvertes par Galilée en 1610, sont visibles même à travers les plus petits télescopes et des jumelles. À l'aide de votre télescope, vous devriez aussi voir au moins deux bandes de nuages. Si vous avez de la chance, et un télescope un peu plus gros, vous verrez peut-être la «Grande Tache rouge».

Jupiter vue à travers un petit télescope.

DIFFICULTÉ

La Grande Tache rouge est une tempête qui fait rage sur Jupiter depuis des centaines d'années.

46 Les satellites galiléens

Les quatre plus grandes lunes de Jupiter (appelées satellites galiléens) changent de position chaque nuit ; vous devrez donc utiliser un logiciel d'astronomie pour vous aider à les distinguer.

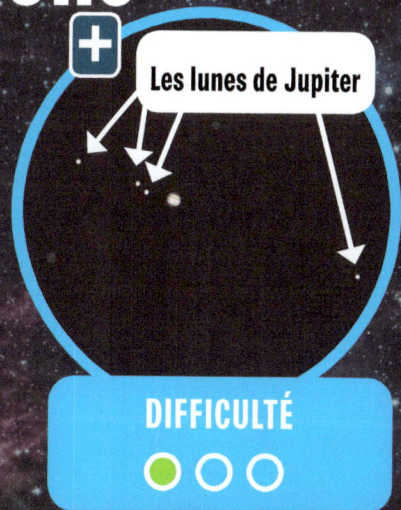

Les lunes de Jupiter

DIFFICULTÉ

Plus grosse lune du système solaire, Ganymède a plus de deux fois la masse de la lune terrestre.

Europe est la plus petite des quatre satellites galiléens. Selon les dernières estimations, sous sa surface glacée se trouve un océan de 100 kilomètres de profondeur.

Callisto, qui présente les plus faibles niveaux de rayonnement des grandes lunes de Jupiter, serait un endroit prometteur à l'établissement des humains.

Io orbite le plus près de Jupiter. Elle abrite plus de 400 volcans actifs ! En raison de son activité volcanique élevée, les caractéristiques à la surface de Io changent fréquemment. Io n'a presque pas de cratères de météorites, puisque la lave les remplit peu après leur formation.

47 Saturne

Saturne est probablement la chose la plus fantastique que l'on puisse voir avec un petit télescope. Sa majestueuse teinte dorée et brune est à couper le souffle.

Ce que Saturne offre de plus spectaculaire, ce sont ses anneaux. Surtout composés de glace, les anneaux sont visibles même avec les télescopes les plus simples. Avec un télescope légèrement plus gros, vous verrez peut-être un écart entre les anneaux. Cet écart s'appelle la division de Cassini.

À son point le plus près, Saturne se trouve à plus d'un milliard de kilomètres de la Terre. La dernière sonde de la NASA vers Saturne a mis six ans et neuf mois pour atteindre la planète.

Saturne vue à travers un télescope.

Lunes de Saturne

DIFFICULTÉ

Division de Cassini

La plupart des nuits, vous devriez voir la plus grande lune de Saturne, Titan. Mais en utilisant un plus gros télescope, surtout lors d'une nuit bien dégagée, vous devriez voir plusieurs autres lunes, comme Rhéa, Dioné et Téthys.

Cette image de Saturne a été prise lors d'un survol du vaisseau spatial automatique de la NASA nommé *Cassini*.

48 Uranus

Malgré l'absence de détails visibles, le géant de glace qu'est Uranus présente plusieurs caractéristiques intéressantes. Cette planète possède 13 anneaux étroits mais distincts. (Ces anneaux ne sont visibles qu'avec des télescopes professionnels, comme le Télescope spatial Hubble.)

Uranus a aussi 27 lunes connues. Si vous avez un télescope assez gros, vous verrez peut-être les cinq plus brillantes : Titania, Obéron, Ariel, Umbriel et Miranda.

Bien qu'il soit très petit à travers la plupart des télescopes, vous devriez être en mesure de voir un disque bleu vert.

DIFFICULTÉ

○ ○ ○

49 Neptune

À son point le plus près, Neptune se trouve à une distance de 4,3 milliards de kilomètres. C'est quatre heures à la vitesse de la lumière! Son orbite est si grande que la planète a besoin de 165 ans pour orbiter autour du Soleil. Neptune a une température moyenne de -214 °C, et Uranus, de -216 °C. C'est pourquoi ces planètes sont surnommées les «géantes de glaces».

Neptune a 13 lunes connues. La plus grande s'appelle Triton.

À travers un télescope, Neptune est clairement bleue. Vous devriez aussi voir Triton, la plus grande lune de Neptune.

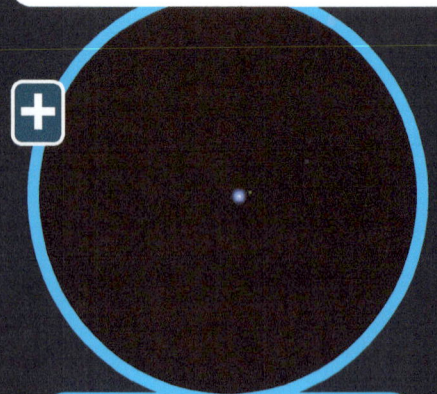

+

DIFFICULTÉ

Vous vous demandez peut-être pourquoi Pluton n'a pas sa propre page dans ce livre. C'est parce que Pluton est si petite et d'une luminosité si faible qu'elle est extrêmement difficile à observer pour les astronomes amateurs.

50 Comètes

Surnommées « boules de neige sales », les comètes sont principalement composées de glace et de poussière. Lorsqu'une comète passe près du Soleil, elle libère du gaz et de la poussière sous la forme d'une longue queue (parfois colorée). Une comète brillante visible de la Terre fait généralement la manchette. Comme elles sont souvent difficiles à voir clairement à l'œil nu, des jumelles ou un télescope peuvent être utiles.

Les comètes sont aussi d'excellentes cibles pour les jumelles !

La comète Pan-STARRS (C/2011) vue sans télescope.

La comète 67P/Tchourioumov-Guérassimenko photographiée par le vaisseau spatial Rosetta de l'Agence spatiale européenne.

Une comète vue à travers un télescope

DIFFICULTÉ

Glossaire

ASTÉROÏDES : Roches de l'espace qui orbitent autour du soleil. Elles se trouvent principalement entre Mars et Jupiter, dans la « ceinture d'astéroïdes ».

ASTÉRISME : Motif d'étoiles dans une constellation. Les astérismes ont des noms pratiques comme la Grande Casserole dans la constellation de la Grande Ourse, le Trapèze dans Hercule, ou la Ceinture d'Orion dans Orion.

CLUB D'ASTRONOMIE : Endroit où les gens se rassemblent pour contempler les merveilles du ciel nocturne. Les clubs d'astronomie organisent souvent des soirées d'observation et des conférences données par d'éminents scientifiques. Pour trouver le club le plus près de chez vous, visitez : www.skyandtelescope.com/astronomy-clubs-organizations

CIRCUMPOLAIRE : Objets du ciel nocturne qui sont toujours au-dessus de l'horizon et semblent tourner autour de l'Étoile polaire (dans l'hémisphère Nord).

CONSTELLATION : Groupe d'étoiles formant un motif reconnaissable. Pour classer les étoiles par emplacement, les anciens astronomes divisaient le ciel en 88 régions distinctes, appelées constellations. Elles ont été nommées d'après des créatures mythiques et des héros.

CIEL NOIR : Nuits sans lune, sans nuages, loin des lumières de la ville. Pour trouver le ciel noir le plus près de chez vous, visitez : darksitefinder.com/dark-sites

OBJET DU CIEL PROFOND : Cible d'observation qui réside à l'extérieur de notre système solaire, comprenant galaxies, nébuleuses, amas globulaires et amas ouverts. Les objets du ciel profond sont à des dizaines de milliers, voire des millions, d'années-lumière de distance !

ÉCLIPTIQUE : Chemin apparent que suit le Soleil dans le ciel pendant l'année. La Lune et les planètes se trouvent toujours près de l'écliptique.

GALAXIES : Amas de millions, milliards ou même trillions d'étoiles. Notre galaxie, la Voie lactée, est visible comme un nuage d'étoiles qui parcourt le ciel nocturne en entier.

AMAS GLOBULAIRE : Groupe serré de milliers d'étoiles en orbite autour de notre galaxie, dans une région appelée le halo. Les amas globulaires les plus près de la Terre (M4 et NGC 6397) sont à 7200 années-lumière.

ANNÉE-LUMIÈRE : Distance parcourue par la lumière en un an. Elle est utilisée pour mesurer les distances dans l'espace. Une année-lumière est d'environ 9 500 000 000 000 000 de kilomètres.

LISTE DE MESSIER : Les objets du ciel profond les plus intéressants (et faciles à trouver), compilés par un astronome français nommé Charles Messier.

NOUVEAU CATALOGUE GÉNÉRAL (NGC) : Liste de près de 8000 nébuleuses et amas d'étoiles dressée à la fin des années 1800.

NÉBULEUSE : Nuage géant de gaz et de poussière. Certaines nébuleuses se forment après une supernova, quand une étoile explose. D'autres se forment lorsqu'une petite étoile en fin de vie expulse ses couches extérieures. Les nébuleuses sont aussi l'endroit où de nouvelles étoiles se forment.

AMAS OUVERT : Groupe d'étoiles formées à peu près à la même époque.

ORBITE : Trajectoire courbe qu'emprunte un objet tel qu'une planète, une lune ou un engin spatial lorsqu'il se déplace dans l'espace. La plupart des orbites observées sont elliptiques, comme celle de la Terre autour du Soleil. Les planètes orbitent autour des étoiles et les lunes autour des planètes.

NÉBULEUSE PLANÉTAIRE : Nébuleuse formée au cours du processus de vieillissement des étoiles plus âgées.

PLANÈTES : Objets massifs (souvent appelés mondes) qui orbitent autour d'une étoile (par opposition aux lunes qui orbitent autour des planètes). Pour être considéré comme une planète, un monde doit être assez massif pour être à peu près sphérique et avoir dégagé les débris de son orbite.

ÉTOILE : Boule massive de gaz chaud qui produit de l'énergie par réaction nucléaire. Notre Soleil est une étoile, comme la plupart des taches de lumière qui apparaissent dans le ciel nocturne.

SYSTÈME SOLAIRE : Région de l'espace qui comprend notre Soleil ainsi que les huit planètes, les planètes naines, les astéroïdes, les comètes et tout ce qui tourne autour du Soleil.

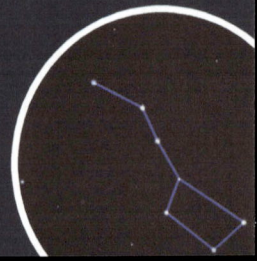

www.ingramcontent.com/pod-product-compliance
Lightning Source LLC
Chambersburg PA
CBHW050909210326
41597CB00002B/74